动物疫病防治员

◎ 潘晶晶　董圣鹏　朱庆亚　付荣顺　贾敏林　主编

U0306397

中国农业科学技术出版社

图书在版编目（CIP）数据

动物疫病防治员／潘晶晶等主编 . --北京：中国农业科学技术出版社，2023.3（2024.12重印）

ISBN 978-7-5116-6231-6

Ⅰ.①动…　Ⅱ.①潘…　Ⅲ.①兽疫-防疫-技术培训-教材　Ⅳ.①S851.3

中国国家版本馆 CIP 数据核字（2023）第 049037 号

责任编辑	李冠桥
责任校对	马广洋
责任印制	姜义伟　王思文

出 版 者	中国农业科学技术出版社
	北京市中关村南大街 12 号　　邮编：100081
电　　话	（010）82109705（编辑室）　　（010）82109702（发行部）
	（010）82109709（读者服务部）
网　　址	https://castp.caas.cn
经 销 者	各地新华书店
印 刷 者	北京虎彩文化传播有限公司
开　　本	140 mm×203 mm　1/32
印　　张	4.75
字　　数	124 千字
版　　次	2023 年 3 月第 1 版　2024 年 12 月第 2 次印刷
定　　价	39.80 元

《动物疫病防治员》
编 委 会

主　编： 潘晶晶　董圣鹏　朱庆亚　付荣顺
　　　　　贾敏林

副主编： 黄　毅　舒　婷　张　赫　肖树宏
　　　　　许瑞东　陈　亮　许　磊　赵桂春
　　　　　刘建涛　贺朝群　赵　伟　马晓林
　　　　　甘玉峰

编　委： 杨锐熠　徐　磊

前　　言

现阶段重大动物疫病及人畜共患病已然成为威胁社会稳定有序发展的主要因素之一，而动物疫病防治员作为动物防疫事业的关键所在，是畜禽健康养殖中不可缺少的保障力量，是提高动物防疫质量、密度的关键。

本书共9章，内容包括动物疫病的基础知识、消毒、免疫接种、药物预防、重大动物疫病应急处理、鸡常见疫病防治、猪常见疫病防治、牛羊常见疫病防治、常见动物共患病防治等内容。

通过本书，旨在切实提升基层动物防疫工作质量，降低动物疫病发生概率。同时本书内容具有科学性和实用性，是动物防疫工作人员、广大畜禽饲养者、经营者依法治疫、科学防疫的好读本。

编　者

目 录

第一章 动物疫病的基础知识

动物疫病是由生物性病原引起，致使动物群发传染病或寄生虫病，是严重危害动物健康的一类疾病。

第一节 动物疫病的传染及感染过程

一、传染及传染病的概念

在一定的条件下，病原微生物经过一定途径侵入动物机体后相互作用、相互斗争，并在一定部位定居、繁殖，引起动物机体产生一系列病理反应的过程称为传染。呈现出一定临床症状的为显性传染，不表现临床症状的为隐性传染。

动物疫病的传染过程也称为动物被疫病感染。动物感染病原微生物后，在对已感染动物机体造成危害的同时，还不断侵入新的动物机体内，造成疫病的不断传播，使被感染动物数量不断增加。

由致病微生物引起的具有传播性的动物疾病，也就是凡由病原微生物引起，具有一定潜伏期和临床症状，并具有传染性的疾病称为传染病。

动物疫病病原与动物机体的相互关系。病原微生物侵入动物机体的同时，动物机体也利用自身体内各种防御机能来对抗病原微生物的侵入。这样，动物机体和病原微生物就在一定的环境条件影响下进行相互斗争和相互作用，其结果就会由于双方力量的对比和相互作用的条件不同而表现出不同的形式。当病原微生物具有相当的活力和数量，而动物机体的抵抗力相对比较弱时，侵入动物体内的病原微生物就不断生长繁殖，并使动物发生一系列病理变化，表现一定的临床症状，这一感染过程就称为显性感染。若侵入的病原微生物定居在动物机体内一定部位，并进行一定的生长繁殖后，动物不表现任何症状，这就称为隐性感染，处于这种情况下的动物称为带菌（病毒）者。病原微生物进入动物机体后不一定都引起感染的发生，因为多数情况下，动物机体的内部条件是不适合于侵入体内的病原微生物生长繁殖的，加上动物机体能迅速动员防御力量将侵入的病原微生物消灭，从而不表现可见病理变化和症状，这种状态称为抗感染免疫。当动物对一种病原微生物处于没有免疫力（即没有抵抗力）的状态时动物有易感性，病原微生物只有侵入有易感性的动物机体内才能引起感染的发生。熟悉了病原微生物和动物机体的相互作用和在一定条件下可以相互转化这个关系，就可在实际工作中掌握和利用其转化的条件，来达到消灭和控制疫病的目的。

二、动物疫病的感染过程

动物疫病的病程发展都有一定的规律，大多数情况下可分为潜伏期、前驱期、明显期和转归期四个发展阶段。

（一）潜伏期

病原体侵入动物机体后，从开始繁殖到出现最初临床症状这段时间称为潜伏期。各种传染病的潜伏期长短通常是不相同的，即使同一种传染病的潜伏期长短也有很大的变动范围。形成这种差异的原因是动物的种属、品种或个体的易感性的不

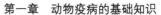

同，或病原体种类、数量、毒力、侵入途径、侵入部位的不同等因素引起的。例如炭疽的潜伏期最短几小时，最长14天，平均为2~3天。猪瘟的潜伏期最短3~4天，最长20天，平均5~8天。急性传染病的潜伏期一般都较短，病情经过常较严重，而慢性传染病的潜伏期一般较长，病情经过也较轻缓。对于有些传染病，处于潜伏期的动物就可能是造成该病传染的来源。掌握传染病的潜伏期，对于传染病的诊断，确定传染病的隔离检疫期和发病封锁期，控制传染源，制定预防措施都具有重要的实践意义。

（二）前驱期

潜伏期之后到该传染病的特征性症状表现出来之前这段时期叫前驱期。这是疫病的征兆阶段，这一时期动物表现出体温升高、食欲下降、精神沉郁、呼吸增快、脉搏加快等共同性症状，但却并不见该病的特征性的临床症状。此时对疫病确诊还很难。各种传染病的前驱期长短不一，即使同一传染病发生时各个动物病例的前驱期也可能不一致，但通常是几小时至1~2天。

（三）明显期

前驱期过后，动物表现出某传染病的特征性症状的时期叫明显期。此期是病情发展到高峰、病情严重的时期。由于一些有诊断价值的特征性症状的相继出现，所以此期最好对传染病进行诊断识别，也是对动物个体进行及时相应治疗的关键时期。

（四）转归期

传染病经过明显期后，进一步发展到结局的时期，叫转归期。若动物机体抵抗力改进和增强，临床症状逐渐消退，动物机体内病理变化逐渐减弱，动物机体正常生理机能逐步恢复，动物最后康复，病程转归为痊愈，则称为恢复期。处于恢复期后的动物，动物机体在一定时期内保留有特异性免疫反应，使动物在

此时期内不再感染同一传染病。若病原体致病性增强，动物机体抵抗力减退，则病程转归不良，动物死亡，称为死亡期。

第二节　临床诊断

一、视诊

视诊是指通过肉眼或借助于简单器械观察动物及动物群的各种外在表现，以及体表组织与器官状态的检查法，以判断动物是否正常或寻找诊断依据。广义的视诊还可包括X线影像、超声显像、内窥镜检查以及动物群巡视等。临床视诊包括对患病个体视诊和群体巡视检查。个体视诊方法如下：检查者站离病畜适当距离处，首先观察其全貌，然后由前往后、从左到右边走边看；观察病畜的头、颈、胸、脊椎、四肢。当行至病畜的正后方时，应注意尾、肛门及会阴部；并对照观察两侧胸、腹部是否有异常；为了观察步态及运动过程，可由畜主或饲养员进行牵遛或适当驱赶，以观察其表现；最后再接近动物进行仔细视诊。群体巡视，重点在于观察动物群全貌，及时发现异常，注意观察畜舍环境卫生状况，检查饲料种类与质量等。

二、问诊

问诊就是采用交谈或启发式提问等方式向畜主或饲养管理人员询问患病动物疾病发生、发展、诊治经过、既往病史、饲喂管理情况等信息，又称病史调查。问诊的内容包括以下5项。

（一）现症病史

主要了解本次发病的时间、地点；发病后的主要表现及经过；畜群及相邻饲养场的动物发病情况；对发病原因的估计；已经采取的治疗措施及其效果。

（二）既往病史

患病动物及动物群过去发病情况，即以往发生过哪些病；是否发生过与本次发病相类似的疾病；其经过和结局如何。

（三）饲养管理情况

包括日粮的组成与质量、饲喂量（采食量）、饲喂制度和方式。

（四）卫生防疫情况

了解畜舍卫生及环境条件、平时的消毒措施、预防接种情况及有关流行病学情况的调查。

（五）生产性能

根据动物特点，有所针对地了解。如了解肉用动物的生长速度、产蛋禽的产蛋量、乳畜的产奶量、役畜的使役情况等。

三、听诊

听诊是以听觉听取动物体内某些器官活动所产生的声音，并根据声音的特性判断其功能活动及物理状态的一种检查方法。

（一）听诊内容

听诊内容包括听诊心音，检查心音的频率、强度、性质、节律以及有无心杂音；听诊呼吸系统，喉、气管及胸、肺部生理或病理活动的音响；听取消化系统，胃肠的蠕动音，判定其频率、强度等。

（二）听诊方法

1. 直接听诊法

在动物体表放置一块听诊布，检查人员用耳紧贴于欲检器官部位的听诊布，进行听诊。其优点是方法简单，声音纯真，可直接听取动物咳嗽、磨牙、呻吟及气喘等声音；缺点是性情暴烈的动物不易听诊,且听得的声音较弱。

2. 间接听诊法

它是借助听诊器在欲检器官的体表相应部位进行听诊。

(三) 听诊注意事项

(1) 为了排除外界音响的干扰,应在安静的室内进行听诊。

(2) 注意听诊器的正确使用方法,减少听诊器软管与检查者的手臂、工作衣及动物被毛等接触、摩擦,以免发生杂音。两耳塞与外耳道相接要松紧适当,过紧或过松都影响听诊的效果;集音头要紧密地贴在动物欲检部位的体表,并避免滑动、产生杂音。

(3) 听诊时要聚精会神,同时注意观察动物的活动,如听诊呼吸音时,要注意呼吸动作;听诊心脏时,要注意心脏搏动变化等,并注意与传导来的其他器官的声音相鉴别。

(4) 听诊过程中需注意人、畜安全。对于胆小易惊或性情暴烈的动物,检查时要由远而近地逐渐将听诊器集音头移至听诊区,以免引起动物反抗。

四、触诊

触诊是指检查者利用手、指腹、掌指关节部掌面或手背的皮肤进行感知,或借助检查器具触压动物体,根据触感了解组织器官有无异常变化的一种检查法。根据触诊力度的不同,临床可将触诊分为浅表触诊和深部触诊。根据检查部位的不同,又可分为外部触诊,如直肠检查,食道、尿道探诊的内部触诊等。

(一) 浅表触诊法

它是指检查者以手掌或手背轻放于被检部位,接触皮肤轻柔滑动触摸,适用于体表关节、肌肉、腱、浅在血管、骨骼等的检查,感知被检部位的温度、湿度、敏感性、肿块的硬度与性状等。

（二）深部触诊法

适用于内在组织器官位置、形态、大小、活动性、压痛及内容物性状等的检查。深部触诊根据手法的不同又分为双手按压法、切入触诊法、冲击触诊法等。

（1）双手按压法。它是指检查者以两手置于被检部位的左右或上下两侧对应位置同时加压，并逐渐缩小两手间的距离，以检查中、小动物内脏器官及其内容物的性状。也可用于大动物颈部食道及气管的检查。

（2）切入触诊法。它是指检查者以一指或几个并拢的手指，沿一定部位用力插入或切入触压，以感知内部器官的状态和压痛点。适用于家畜、犬、猫等肝、脾、肾脏的深部触诊检查。

（3）冲击触诊法。它是指检查者以拳或并拢的手指，置于腹壁相应的被检部位，做 2~3 次急速、连续、强而有力的冲击，以感知腹腔深部器官的状态与腹腔积液状态。适用于大家畜腹腔积液、瘤胃、皱胃内容物性状的判定。如腹腔积液时，在冲击后感到有回击波或振水音。

（三）常见触感反应

1. 捏粉样

它又称生面团样，是指触压时柔软，局部形成凹陷或指压压痕，移去手指后慢慢变平，如压生面团样感觉。多见于发生皮下水肿部位如眼睑、胸前、四肢、腹下等的检查，提示皮下组织内有浆液浸润。临床上常见于心脏疾病、肾脏疾病、血液疾病及营养不良等引发的水肿。如胃肠内容物积滞或瘤胃积食时，触诊胃的局部也会出现捏粉样感觉。

2. 波动感

触压发病部位时，感觉柔软而有弹性，指压不留痕；进行间歇性压迫或将其一侧固定，从对侧加以冲击时，可感知内容物呈波动样改变，为组织间有液体潴留的表现，常见于脓肿、血肿、大面积淋巴外渗等。

3. 窜动感

触压病部时，感觉柔软而稍有弹性，并随触压而有气体向邻近组织的窜动感，同时可听到捻发音，是组织间有气体积聚的表现，常见于皮下气肿、气肿疽等。

4. 坚实感

触压病区时，感觉坚实致密，如触压肝脏一样，见于蜂窝织炎、组织增生及肿瘤等。

5. 硬固感

触压病部时，感觉组织坚硬，如触压骨、石块一样，常见于尿道结石、骨瘤等。

6. 疼痛感

触压到病部时，病畜出现皮肌抖动、回顾、躲避或抗拒等表现疼痛的动作。

五、叩诊

叩诊是用手指或叩诊锤对动物体表某一部位进行叩击，使之振动并产生音响，根据产生音响的性质，判断被叩击部位及其深部器官的内容物状态或病理变化的检查方法。

（一）叩诊方法及应用

（1）直接叩诊法。它是指用手指或叩诊锤直接叩击动物体表的方法。主要用于检查鼻旁窦、喉囊以及检查马属动物的盲肠和反刍动物的瘤胃，以判断其内容物性状、含气量及紧张度。

（2）间接叩诊法。分为指指叩诊法与锤板叩诊法。主用于检查肺脏、心脏及胸腔的病变；也可以检查肝、脾的形状和位置变化以及靠近腹壁的较大肠管内容物性状。

①指指叩诊法。通常以左手的中指紧贴在被检查的部位上（用作叩诊板），其他手指稍微抬起，勿与体表接触；右手中指第二指关节处呈90°屈曲状（用作叩诊锤），并以右腕做轴而上、下摆动，用适当的力量垂直地向左手中指的第二指节处进行叩击，听取所产生的叩诊音响。主要用于中、小动物的叩诊。

②锤板叩诊法。即用叩诊锤和叩诊板进行叩诊。一般以左手持叩诊板，将其紧密地放于欲检查部位的体表；用右手持叩诊锤，以腕关节做轴，将锤上、下均匀摆动并垂直地叩击叩板，连续叩击 2～3 次，以听取其音响。通常适用于大家畜胸、腹部检查。

（3）叩诊可作为一种刺激，判断其被叩击部位的敏感性；叩诊时除注意叩诊音的变化外，还应注意锤下抵抗。

（二）常见叩诊音

声音特点是叩诊的理论基础，动物各个器官和组织的弹性不同，叩诊时可产生不同性质的音响。根据叩击体壁可间接地引起内部器官振动的原理和叩诊音的变化，判定含气器官（如肺脏、胃肠）的含气量变化及病理状态的改变。

（1）清音。它是一种振动时间较长、比较强大而清晰的叩诊音，表明被叩击部位的组织或器官有较大弹性，并含有一定量的气体。叩诊健康动物正常肺部呈清音。

（2）浊音。它是一种音调高、声音弱、持续时间短的叩诊音，表明被叩击部位的组织或器官柔软、致密、不含空气且弹性不良。叩诊健康动物厚层肌肉部位（如臀部）以及不含气体的心脏、肝脏等实质脏器与体表直接接触部位常呈浊音。

（3）鼓音。它是一种音调比较高朗、振动比较有规则，比清音强、持续时间亦较长，类似敲击小鼓时的叩诊音。叩击健康牛瘤胃上 1/3 部或马盲肠基部常呈鼓音。

（4）半浊音。它是介于清音与浊音之间的过渡音响，表明被叩击部位的组织或器官柔软、致密、有一定的弹性，含有少量气体。叩击健康动物肺区边缘、心脏相对浊音区呈半浊音。

（5）过清音。它是一种介于清音与鼓音之间的过渡音响，音调较清音低，音响较清音强。表明被叩击部位的组织或器官内含有大量气体，但弹性较弱。叩击健康动物额窦、上颌窦呈过清音。

叩诊音的高低、强弱、持续时间的长短，受被叩击部位及其深部脏器的致密度、弹性、含气量、邻近器官的含气量和距离、叩击力量的轻重及脏器与体表的距离等因素的影响。当被叩击部位及其深部器官的致密度、弹性与含气量等物理状态发生病理性改变时，其叩诊音也会发生相应的病理性变化。如当肺部发生炎性渗出、实变、肿瘤等病变，使肺组织变得致密、丧失弹性，不含气体时，则叩诊音转为浊音；当动物患肺气肿时，肺组织含气量增多，弹性减弱时，叩诊呈过清音；当额窦内有炎性渗出物或脓液积聚，则叩诊时呈浊音。

（三）叩诊注意事项

（1）叩诊时用力的强度，不仅可影响声音的强弱和性质，也可决定振动向周围与深部的传播速度。因此，用力的大小应根据检查的目的和被检器官的解剖特点来决定。对深在的器官、部位及较大的病灶宜用强叩诊，反之宜用轻叩诊。

（2）为便于集音，叩诊最好在适当的室内进行；为有利于音响的积累，每一叩诊部位应进行 2~3 次间隔均等的同样叩击。

（3）叩诊板应紧密地贴于动物体壁的相应部位上，对瘦弱动物应该注意勿将其横放于两条肋骨上；对毛用羊只应将其被毛拨开。

（4）叩诊板不能用强力压于体壁，除叩诊板（或用作叩诊板的手指）外，其余材料或手指不应接触动物的体壁，以免影响振动和音响效果。叩诊时易发生锤板的特殊碰击声，因此叩诊锤的胶皮头要注意及时更换。

（5）叩诊锤应垂直地叩在叩诊板上；叩诊锤或用作锤的手指在叩击后应迅速离开。

（6）为了均等地掌握叩诊的用力强度，叩诊的手应以腕关节做轴，轻松地上、下摆动进行叩击，不应强加臂力。在相应部位进行对比叩诊时，应尽量做到叩击的力量、叩诊板的压力以及动物的体位等都相同。

（7）叩诊与其他检查方法有所不同，对于检查者，一方面要熟练掌握其操作技巧，另一方面要判断其声音，因此需要更多的实践与练习。

六、嗅诊

嗅诊是检查者利用嗅觉检查动物体腔分泌物、排泄物、呼出气体及体表散发气味的一种方法。检查者用手将动物体腔、体表散发的气味轻轻扇向自己鼻部，判定气味的特点与性质。如皮肤、汗液有尿臭味，常提示尿毒症；呕吐物出现粪臭味，可提示长期剧烈呕吐或肠梗阻；呼出气、皮肤、乳汁及尿液带有似烂苹果散发出的丙酮味，常提示牛、羊酮病。呼出气和流出的鼻液有腐败臭味，可怀疑支气管或肺脏发生坏疽性病变；阴道分泌物出现脓臭味、腐败味常由子宫蓄脓引发。

第三节　动物检疫

动物检疫工作是由特定的检验机构，被法律承认的动物检疫人员，正规的动物检疫法律法规、动物检疫标准与手段组成的，专业人员对动物以及动物产品做出的强制性检查，在之后出具一份检疫报告的过程。

一、动物检疫的作用

（一）监督检查工作

动物检疫工作不单单是纯粹的技术检查工作，在具体的工作中还需要按照相关的法律规定对被检疫的单位进行全面的检查。比如在进行产地检疫工作之前，要对被检疫单位的检疫证明与标志进行一一核实。在进行屠宰检疫时，要对产地检疫的证明与运输检疫这些前提性检疫证明进行审查，这些都是监督检查工作的重要任务。所以，动物检疫工作的开展能够实现对经营者和养殖者的监督检查作用，通过这种作用可以使动物的养殖者自我开展动物疾病的预防工作，提高动物疾病的预防率和免疫率，使监督与预防的目的得以实现。

（二）及时发现、收集、整理、分析动物疫情

动物防疫能够为动物检疫机构制定相关的疾病预防方案，并为防御规划贡献关键的科学信息。

（三）消灭某些动物疫病的有效手段

利用动物检疫的各种技术和手段，及时发现疫情，并通过及时地消杀和处理感染病毒的动物，从而达到消灭动物疫情，提升动物养殖与营销水平的目的。

（四）保证流通领域动物制品的质量

实行动物检疫能够保证进入市场的动物及其产品的质量安全有保障，保护人民群众的人身安全，维护人民群众的合法权益，防止疫情突然暴发。

二、动物检疫的种类

（一）产地检疫

首先，对于一般饲养的动物来说，在屠宰前主要是通过观察的方法对其进行检查，主要观察动物的形态表现，包括站、立、行走、精神、进食等几方面是否正常，体温、脉搏、呼吸是否达到动物的生理指标等来判断动物的健康情况；其次，对于种用、乳用、实验用、役用动物来说，其检疫的方法除上述的方法之外，还需按照相关的规定在实验室进行检验，并依据国家相关动物检疫方法与操作流程、规定的检疫方法展开具体的动物检疫工作。

（二）运输检疫

所谓的运输检疫，就是指动物和动物产品在离开生产地向经销地运输过程中进行检疫，并出具正规的动物和动物产品检疫报告的过程。值得注意的是，这种动物检疫的方法所出具检疫证明的机构和检疫人员必须具备相应的资质，检疫员要对证明中所涉及的每一项内容逐一详细填写，且填写的内容要准确无误，字迹清楚，没有明显的涂改。

（三）屠宰检疫

屠宰检疫指的是动物在屠宰的前后期，对动物本身与其相关产品进行检疫，按检疫的时间可以分为屠宰前与屠宰后两种。目前，国家对生猪和禽类实行定点检疫。动物的检疫机构对设立的屠宰地点进行定期的检疫，在动物被屠宰的前与后实施两次检疫工作。动物检疫工作人员要按照相关的国家标准进行动物的屠宰检疫，只有检疫合格的动物才能进行屠宰，以此来保证动物产品的质量与安全。

第四节　动物防疫措施

一、针对传染源

传染源是指患某种动物疫病的动物、已患动物疫病死亡的动物、已感染似处于潜伏期的动物、可能不发病的隐性感染的动物、临床症状消失但仍能向外排出病原体的动物。通过扑杀疫点内染疫动物、同群动物和易感染动物（可能已被感染），并对病死的动物、被扑杀的动物及动物产品进行无害化处理来消灭传染源，防止动物疫病进一步传播扩散。最好的措施是疫点内的同群动物，其他易感染动物虽无临床症状，但可能是病原体携带动物（可能不发病）或正处于发病前的潜伏期内（可能发病），是重要的传染源，也必须予以扑杀并作无害化处理。

（一）发现传染源的途径

1. 动物饲养者等从业人员

从事动物饲养、屠宰加工、运输、经营等活动的单位和个人，在发现动物出现群体发病或者死亡的，要向所在地的兽医行政主管机构（畜牧兽医局）、动物卫生监督管理机构（动物卫生监督所）、动物疫病预防控制机构（动物疫病预防控制中心）报告。疫情报告人向三个机构中的任何一个机构报告即可，也可以向这些机构所在乡镇的分支机构和人员报告，再由这些机构和人员向上一级报告。由动物疫病预防控制机构派出专家赶赴现场进行现场诊断。该机构根据现场诊断情况和流行病学调查情况可以排除疫情和确定疑似疫情。

2. 兽医从业人员

从事动物疫病诊疗服务的兽医从业人员在进行动物诊疗服务

中发现动物群体发病或死亡，认为可能是动物疫情的，要将情况报告给县级兽医行政主管机构、动物卫生监督所、动物疫病预防控制中心，由动物疫病预防控制中心派出专家组到现场进行现场诊断。

3. 动物卫生监督所

动物卫生监督所负责动物和动物产品的检疫工作与动物防疫监督工作，动物检疫工作是其重要职能。动物卫生监督机构要派人对待出栏的动物实施临栏检疫，调查了解免疫状况、临床健康状况、发病情况和用药与治疗情况，必要时辅以实验室检验。经检疫合格的，给出具动物产地检疫合格证明，允许动物出栏。在产地检疫工作中可以发现动物疫病；通过屠宰检疫也可以发现动物疫病；在执行监督任务时也能发现动物疫病。

4. 动物疫病预防控制中心

（1）监测。动物疫病预防控制中心在进行流行病学调查与监测工作中，通过自然感染抗体的监测和病原学监测，能够及时发现某些动物的某种或几种疫病的感染状况。

（2）净化。对一些对畜牧业生产及人体健康有危害的动物慢性病，动物疫病预防控制中心往往采取检疫净化措施。最为典型的是奶牛的结核病和布鲁氏菌病的检疫净化，以及鸡白痢的检疫净化等。将检出的阳性动物全部扑杀，并作无害化处理。

5. 动物疫病研究机构

农业院校的相关院系，从事动物疫病研究的相关院所，国家确定的疫病诊断实验室等。

6. 其他人员

发现动物群体发病死亡的其他人员。

（二）具体控制措施

1. 扑杀措施

（1）扑杀疫点内的患病动物、同群动物。患病动物是重要的传染源，必须彻底消灭。发生动物疫情时，要依照《中华人民共和国动物防疫法》和国务院《重大动物疫情应急条例》，以及牲畜口蹄疫、高致病性禽流感等病种的防治技术规范、应急预案的相关规定，对兽医行政主管部门划定的疫点内的所有患病动物和同群动物进行扑杀。

（2）扑杀疫点内的易感染动物。疫点内的易感染动物可能是处于潜伏期的动物（可能发病）和隐性感染的动物（可能不发病），是重要的传染源。发生高致病性禽流感疫情时，要扑杀疫点内的所有种类的禽只；发生牲畜口蹄疫疫情时，要扑杀疫点内的所有易感染动物；发生新城疫疫情时，要扑杀疫点内的所有禽只。

（3）阳性动物扑杀措施。在实施动物疫病检疫净化时，一般要扑杀阳性动物。对阳性动物采取扑杀、隔离、治疗等措施中的哪一种措施，应依据病种的防治技术规范的规定处理，比较常见的是对奶牛结核病阳性牛、奶牛布鲁氏菌病阳性牛采取扑杀措施。

2. 无害化处理措施

对患动物疫病死亡的动物尸体、被扑杀的动物尸体，以及动物产品，要全部进行生物安全处理，彻底消灭传染源，防止疫病扩散蔓延。生物安全处理要按照《病害动物和病害动物产品生物安全处理规程》的规定，以及如牲畜口蹄疫、高致病性禽流感等病种的防治技术规范规定执行。生物安全处理措施是指通过焚毁、化制、掩埋，或其他物理、化学、生物学等方法将病害动物尸体和病害动物产品或附属物进行处理，以彻底消灭其所携带的病原体，达到消除病害因素，保障人与动物健康的目的。

3. 封锁措施

在发生一类动物疫病疫情，或二、三类动物疫病呈暴发性流

行时，疫情所在地的县级以上人民政府要划定疫点、疫区受威胁区，并采取相应的动物扑杀等疫情扑灭措施。对疫区实施封锁措施就是应采取的措施之一。在对疫区实施封锁期间，禁止染疫动物、动物产品和疑似染疫的动物、动物产品流出疫区，疫区内的动物、动物产品交易市场要关闭，停止交易活动，同时，禁止非疫区的动物、动物产品进入疫区。采取封锁疫区措施的目的是防止传染源和疑似传染源流出疫区，扩大动物疫情，所以，疫区封锁措施是针对传染源采取的动物疫病控制措施。

4. 动物检疫措施

动物和动物性产品检疫是动物卫生监督所的官方兽医采取法定的检疫程序和方法，依照法定的检疫对象和检疫标准，对动物和动物性产品进行疫病检查、定性和处理的行为。动物检疫是对潜在的、可能存在的传染源采取的技术措施，目的是发现传染源，并采取适当的措施消灭传染源。产地检疫的目的是将动物疫病发现在产地，并将染疫动物、动物产品在产地进行无害化处理，防止动物疫病传播扩散，形成动物疫情。在动物屠宰企业实施的动物检疫包括屠宰前对动物实施的动物健康检查（也称屠宰前检疫）和屠宰后对动物胴体和脏器的检查（也称屠宰后检疫）。动物屠宰前的动物检疫和屠宰后的动物产品检疫是为了发现潜在的染病动物和动物产品，并就地对染病动物和动物产品（两种皆为传染源）进行无害化处理，防止动物疫病扩散。所以，动物检疫措施实质上是针对动物传染源（尽管是潜在的传染源）采取的动物疫病控制措施。

5. 禁止措施

动物和动物产品的禁止措施指针对已知的传染源、潜在的传染源所采取的动物疫病控制措施。疫区内与所发生的动物疫病有关的动物和动物产品，疫区内易感染的动物，依法应当检疫而未检疫或者检疫不合格的动物和动物产品，染疫或者疑似染疫的动物和动物产品，病死或死因不明的动物、动物产品，这些动物和动物产品均是传染源或潜在的传染源。上述动物均属于法律禁止屠宰、经营、运输范围。所以，针对动物、动物产品的禁止措施是针对传染源的动物疫病控制措施。

患有人畜共患传染病的人员是传染源，通过与易感染动物的密切接触可以使动物患病，所以《中华人民共和国动物防疫法》规定，禁止患有人畜共患病的人员直接从事动物诊疗以及动物饲养、经营和动物产品生产、经营活动，对患有人畜共患病的人员的禁止措施是针对已知传染源的动物疫病控制措施；如患有结核病的人员，患有布鲁氏菌病的人员禁止从事奶牛饲养工作。

6. 生物安全控制措施

病料是患病动物的病变组织，本身带有病原体，具备传染源的条件；病原微生物本身就是动物疫病的病原体，控制措施不当，会使易感染动物染病。病料的采集、运输、保存、实验室检测、研究，病原微生物的研究、教学、检测、诊断等活动均要符合国务院颁布的《病原微生物实验室生物安全管理条例》的相关规定，符合各自实验室的《生物安全管理手册》等生物安全体系文件的相关规定，所以，针对动物源性病原微生物所采取的控制措施，是针对传染源所采取的动物疫病控制措施。

二、染疫动物尸体无害化处理

(一) 尸体的运送

尸体运送前，工作人员应穿戴工作服、口罩、护目镜、胶鞋及手套。运送尸体要用密闭、不泄漏、不透水的容器包裹，并用车厢和车底不透水的车辆运送。装车前应将尸体各天然孔用蘸有消毒液的湿纱布、棉花严密填塞，小动物和禽类可用塑料袋盛装，以免流出粪便、分泌物、血液等污染周围环境。在尸体躺过的地方，应用消毒液喷洒消毒，如为土壤地面，应铲去表层土，连同尸体一起运走。运送过尸体的用具、车辆应严格消毒；工作人员用过的手套、衣物及胶鞋等亦应进行消毒。

（二）尸体无害化处理方法

1. 深埋法

掩埋法是处理畜禽病害肉尸的一种常用、可靠、简便的方法。

（1）选择地点。应远离居民区、水源、泄洪区、草原及交通要道，避开岩石地区，位于主导风向的下方，不影响农业生产，避开公共视野。

（2）挖坑。

①挖掘及填埋设备。挖掘机、装卸机、推土机、平路机和反铲挖土机等，挖掘大型掩埋坑的适宜设备应是挖掘机。

②修建掩埋坑。

a. 大小。掩埋坑的大小取决于机械、场地和所要掩埋物品的多少。

b. 深度。坑应尽可能地深（2~7 米）、坑壁应垂直。

c. 宽度。坑的宽度应能让机械平稳地水平填埋处理物品，例如使用推土机填埋，坑的宽度不能超过一个举臂的宽度（大约 3 米），否则很难从一个方向把动物尸体水平地填入坑中，确定坑的适宜宽度是为了避免填埋后还不得不在坑中移动动物尸体。

d. 长度。坑的长度则应由填埋物品的多少来决定。

e. 容积。估算坑的容积可参照以下参数：坑的底部必须高出地下水位至少 1 米，每头大型成年动物（或 5 头成年羊）约需

1.5米³的填埋空间，坑内填埋的尸体和物品不能太多，掩埋物的顶部距坑面不得少于1.5米。

（3）掩埋。

①坑底处理。在坑底撒漂白粉或生石灰，量可根据掩埋尸体的量确定（0.5~2.0千克/米²）掩埋尸体量大的应多加，反之可少加或不加。

②尸体处理。动物尸体先用10%漂白粉上清液喷雾（200毫升/米²），作用2小时。

③入坑。将处理过的动物尸体投入坑内，使之侧卧，并将污染的土层和运尸体时的有关污染物，如垫草、绳索、饲料、少量的奶和其他物品等一并入坑。

④掩埋。先用40厘米厚的土层覆盖尸体，然后再放入未分层的熟石灰或干漂白粉20~40克/米²（2~5厘米厚），然后覆土掩埋，平整地面，覆盖土层厚度不应少于1.5米。

⑤设置标识。掩埋场应标志清楚，并得到合理保护。

⑥场地检查。应对掩埋场地进行必要的检查，以便在发现渗漏或其他问题时及时采取相应措施，在场地可被重新开放载畜之前，应对无害化处理场地再次复查，以确保对牲畜的生物和生理安全。复查应在掩埋坑封闭后3个月进行。

（4）注意事项。

①石灰或干漂白粉切忌直接覆盖在尸体上，因为在潮湿的条件下熟石灰会减缓或阻止尸体的分解。

②对牛、马等大型动物，可通过切开瘤胃（牛）或盲肠（马）对大型动物开膛，让腐败分解的气体逃逸，避免因尸体腐败产生的气体可导致未开膛动物的鼓胀，造成坑口表面的隆起甚至尸体被挤出。对动物尸体的开膛应在坑边进行，任何情况下都不允许人到坑内去处理动物尸体。

③掩埋工作应在现场督察人员的指挥、控制下，严格按程序进行，所有工作人员在工作开始前必须接受培训。

2. 焚烧法

焚烧法既费钱又费力，只有在不适合用掩埋法处理动物尸体时用。焚化可采用的方法有柴堆火化、焚化炉和焚烧窖（坑）等，此处主要介绍柴堆火化法。

（1）选择地点。应远离居民区、建筑物、易燃物品，上面不能有电线、电话线，地下不能有自来水、燃气管道，周围有足够的防火带，位于主导风向的下方，避开公共视野。

（2）准备火床。

①十字坑法。按"十"字形挖两条坑，其长、宽、深分别为2.6米、0.6米、0.5米，在两坑交叉处的坑底堆放干草或木柴，坑沿横放数条粗湿木棍，将尸体放在架上，在尸体的周围及上面再放些木柴，然后在木柴上倒些柴油，并压以砖瓦或铁皮。

②单坑法。挖一条长、宽、深分别为2.5米、1.5米、0.7米的坑，将取出的土堆在坑沿的两侧。坑内用木柴架满，坑沿横架数条粗湿木棍，将尸体放在架上，以后处理同上法。

③双层坑法。先挖一条长、宽各2米、深0.75米的大沟，在沟的底部再挖一长2米、宽1米、深0.75米的小沟，在小沟沟底铺以干草和木柴，两端各留出18~20厘米的空隙，以便吸入空气，在小沟沟沿横架数条粗湿木棍，将尸体放在架上，以后处理同上法。

（3）焚烧。

①摆放动物尸体。把尸体横放在火床上，较大的动物放在底部，较小的动物放在上部，最好把尸体的背部向下，而且头尾交叉，尸体放置在火床上后，可切断动物四肢的伸肌腱，以防止在燃烧过程中肢体的伸展。

②浇燃料。

a. 燃料需求。燃料的种类和数量应根据当地资源而定，以下数据可作为焚化一头成年大牲畜的参考。

大木材：3 根，2.5 米×100 毫米×75 毫米；

干草：一捆；

小木材：35 千克；

煤炭：200 千克；

液体燃料：5 升。

总的燃料需要可根据一头成年牛大致相当 4 头成年猪或肥羊来估算。

b. 浇燃料，设立点火点。当动物尸体堆放完毕，且气候条件适宜时，用柴油浇透木柴和尸体（不能使用汽油），然后在距火床 10 米处设置点火点。

③焚烧。用煤油浸泡的破布作引火物点火，保持火焰的持续燃烧，在必要时要及时添加燃料。

④焚烧后处理。

a. 焚烧结束后，掩埋燃烧后的灰烬，表面撒布消毒剂。

b. 填土高于地面，场地及周围消毒，设立警示牌，查看。

（4）注意事项。

①应注意焚烧产生的烟气对环境的污染。

②点火前所有车辆、人员和其他设备都必须远离火床，点火时应顺着风向进入点火点。

③进行自然焚烧时应注意安全，须远离易燃易爆物品，以免引起火灾和人员伤害。

④运输器具应当消毒。

⑤焚烧人员应做好个人防护。

⑥焚烧工作应在现场督察人员的指挥、控制下，严格按程序

进行，所有工作人员在工作开始前必须接受培训。

3. 发酵法

这种方法是将尸体抛入专门的动物尸体发酵池内，利用生物热的方法将尸体发酵分解，以达到无害化处理的目的。

（1）选择地点。选择远离住宅、动物饲养场、草原、水源及交通要道的地方。

（2）建发酵池。池为圆井形，深9~10米，直径3米，池壁及池底用不透水材料制成。池口高出地面约30厘米，池口做一个盖，盖平时落锁，池内有通气管。如有条件，可在池上修一小屋。尸体堆积于池内，当堆至距池口1.5米处时，再用另一个池。此池封闭发酵，夏季不少于2个月，冬季不少于3个月，待尸体完全腐败分解后，可以挖出作肥料，两池轮换使用。

第二章　消毒

第一节　消毒的目的和意义

消毒是指采用物理、化学或生物学的方法清除或杀灭病原微生物。

消毒、灭菌、无害化是采用不同方式处理或杀灭病原微生物的方法，均属广义的消毒范畴。在动物防疫实践中应针对不同动物疫病病原采取不同的方式和方法。

灭菌是指杀灭物体及环境中的微生物（包括细菌繁殖体和芽孢）的方法。

无害化是指不仅消灭病原微生物，而且要消灭其分泌排出有活力的毒素，同时消灭对人和动物具有危害的化学物质。

一、消毒的目的

消毒的目的在于杀灭病原微生物，切断动物疫病的传播途径，实现预防、控制和消灭动物疫病，保护人和动物健康。

二、消毒的意义

消毒在整个动物卫生中占有极为重要的位置，而且贯穿于动物防疫的始终。随着我国畜牧业的快速发展，动物的饲养量、动物产品的加工量、流通量不断加大、加快，这同时也增加了动物

疫病的传播机会，使动物疫病变得越来越复杂。如果切实搞好消毒工作，可有效预防动物疫病的发生与传播。

搞好消毒是贯彻"预防为主"方针的最好体现，也是防止动物疫病发生、流行的最有效措施，更是低投入、高收益的最佳防疫方式。

搞好消毒可防止污染和二次污染，保障动物健康和动物产品安全。这体现在动物疾病的治疗、动物免疫、动物检疫、动物疫病研究、动物及动物产品的生产、加工、储藏、运输以及动物饲料、兽药的生产等各环节。

搞好消毒是防止动物疫病发生、流行和控制动物疫病蔓延以及消灭动物疫病最重要的手段。

因此，从事兽医工作的管理者和工作人员，特别是从事动物防疫的工作人员，必须高度重视和认真组织实施动物防疫各环节的消毒工作。

第二节　消毒的种类

消毒的种类按照分类方式的不同有多种。我们按照预防和控制动物疫病的阶段或环节把消毒分为预防性消毒和疫源地消毒两类。

一、预防性消毒

预防性消毒的时间一般是在动物疫病发生之前，也称为定期消毒，是指在未发生动物疫病时，在日常饲养动物和生产、加工、储藏、运输动物产品的过程中，对饲养动物、动物产品，动物圈舍、运动场地、饲喂用具、水源、生产加工和储藏场所、运输工具等进行的消毒。

预防性消毒是整个养殖业生产中预防动物疫病发生最重要、最有效的手段，必须定期规范实施，长期坚持。

预防性消毒的范围广泛、对象多样、方法各异，应根据具体情况组织实施，实现"防患于未然"。

二、疫源地消毒

疫源地消毒是指当发生动物疫病后，针对所发生的动物疫病进行的消毒。

（一）紧急消毒

紧急消毒也称为随时消毒，是指从发生动物疫病开始至解除封锁之前实施的消毒。紧急消毒实施的时间是在动物疫病发生及流行期间，因此，具有较强的针对性。实施的次数和时间不确定，一般根据需要随时进行。

紧急消毒的对象，主要包括患病动物及带菌（毒）动物的排泄物、分泌物和被其污染的畜舍、运动场地、饲喂用具、运输工具、辅助繁育用具、医疗器械、水、饲草料以及工作人员的防护用具和衣物等。

紧急消毒的次数不定，可随时进行。一般对畜舍、场地至少每日消毒一次；对排泄物、分泌物等其他物品要做到随时消毒。

紧急消毒用的消毒液浓度要比预防消毒适当提高，带畜（禽）消毒时，应选择对人畜无害的消毒方式和消毒药物。

（二）终末消毒

终末消毒也称巩固消毒，是指疫源地的最后患病动物在痊愈、死亡或无害化处理后，对疫区解除封锁时，为了彻底消灭疫区内可能残存的病原体而进行的一次全面彻底的大消毒。

终末消毒一般在最后一头（只）患病动物痊愈或死亡后两周（最好是在该次所发生动物疫病的一个潜伏期以上）再无新

病例发生时，为巩固前期随时消毒的效果而实施的，因此，又称巩固消毒，其消毒对象要比紧急消毒的范围更广、更全面。

第三节　消毒方法

消毒方法是针对不同的消毒对象所采取的消毒措施。一般分为物理消毒法、化学消毒法和生物消毒法。

一、物理消毒法

物理消毒法是通过机械、光、热及辐射等物理方式清除和杀灭病原体达到消毒的目的，主要有以下5种。

（一）机械清除法

机械清除是最基本、采用最普遍的方法。主要是通过清扫、冲洗、洗刷、通风、过滤等方法清除和减少病原体，创造不利于病原微生物生长、繁殖的环境条件，从而达到改善环境卫生、减少病原微生物的数量和消除二次污染的目的。机械清除法不能杀灭病原体，应对清扫、洗刷后的污物配合其他消毒方法妥善处理。但在遇到传染病，特别是烈性传染病时，为防止病原微生物扩散、污染环境和造成疫病蔓延，应先用药物有效消毒，在杀灭病原微生物后，再采取机械清除。

（二）日光照射消毒法

日光照射消毒是利用太阳光光谱中的紫外线和阳光暴晒的灼热蒸发水分，造成病原微生物脱水、干燥死亡而达到消毒的目的。很多非芽孢细菌和病毒均能经日光照射后被杀死。对抵抗力较强的病原体也能致其丧失繁殖力。此法既方便又经济，适用于动物圈舍的垫料和运动场、牧场、草地表层等。但日光消毒的杀菌效力因时间、地势及微生物所处的环境不同而异，还受季节、纬度、天气等许多条件的限制，因此，在日常预防性消毒中仅起辅助作用，不宜单独使用。

(三) 人工紫外线照射消毒法

利用人工设计发出紫外线的装置，能发出比阳光中有效紫外线高数十倍的紫外线，发生器发出的紫外线照射需消毒的物品，使被照射的病原微生物蛋白质和酶代谢障碍，直至细胞变性，导致病原微生物变异或死亡，达到消毒的目的。

人工紫外线消毒适用于化验室、无菌室、种蛋室及进入圈舍的人员通道等处的消毒。人工紫外线消毒的适宜温度范围为20~40℃，过高或过低均影响消毒效果。另外，湿度、墙壁涂料性质、空气中尘埃多少和被消毒物体的距离、表面光滑程度等都与消毒效果有关。

人工紫外线穿透力很弱，因此应使被消毒对象充分暴露，并变换方向。紫外线直射对人和动物伤害很大，因此，用于活畜禽消毒时最好使用漫射紫外线消毒，也就是将紫外线发射管向上，使紫外线直射天花板，然后再漫射下来，通过上下空气的交换和其紫外线照射产生的臭氧达到消毒的目的。

(四) 热消毒法

热消毒法是通过直接或间接加热的方式杀灭病原微生物，达到消毒的目的。根据消毒对象和加热方式的不同，热消毒法又分为火焰消毒、煮沸消毒、蒸汽消毒和干热灭菌法。

(1) 火焰消毒 (焚烧消毒) 是一种可靠的消毒方法，尤其在疫源地消毒时可达到彻底消毒的目的。在预防性消毒时，可采用火焰消毒法对圈舍墙壁、地面、笼具及金属设备等耐高温的物品进行消毒，对感染烈性传染病的动物尸体、死胚和被污染后无利用价值的物品，如垫草、粪便、残余的草料等均可进行焚烧处理，可达到彻底消毒的目的。

（2）煮沸消毒是一种既经济又方便，应用广泛，效果好的消毒方法。大多数病原体在100℃的开水中3~5分钟即可被杀死，多数芽孢煮沸15~30分钟被杀死，煮沸1~2小时可以消灭所有的病原体，多用于预防性消毒中对金属器械、玻璃器具和工作服等的消毒。

（3）蒸汽消毒比煮沸效果更好，用时更短。蒸汽消毒是利用蒸汽的高温、高透力透入菌体，使菌体蛋白质变性凝固，从而快速杀灭病原体。一般30分钟即可达到消毒目的。

蒸汽消毒根据压力不同又可分为流通蒸汽消毒和高压蒸汽消毒两种。高压蒸汽消毒温度更高，渗透力更强，效果更可靠。常用温度为115℃、121℃、126℃，维持20~30分钟。在实验室多用于接触过病原体的器皿、培养物等消毒。

（4）干热灭菌法是利用干燥（烤）箱内的温度，一般在160℃维持2小时即可杀灭所有病原微生物及芽孢，多用于实验室耐高温器皿的消毒。

（五）辐射消毒法

辐射消毒法是利用放射性核素产生的高能量、高穿透力射线照射，导致病原微生物迅速死亡的一种消毒方法。

常用的放射性核素钴产生的射线能量高、穿透力强、消毒效果好，多用于无菌要求高，而又不耐热、不耐酸碱的塑料制品等物品的消毒。

二、化学消毒法

化学消毒法应用化学药品作用于疫病病原，使病原的生长繁殖发生障碍而致其死亡，以达到消毒的目的。

化学消毒法速度快、效率高，可供选择的消毒药品种类多，对不同的消毒对象，在不同的时间和地点均可采取不同的消毒药品和消毒方法，达到消毒的效果，是动物防疫工作中最为常用的方法。

化学消毒法的效果与许多因素有关，如病原体的抵抗力大小、所处的环境、消毒药的种类、浓度、作用的时间和温度等。

目前，化学消毒法是消毒技术研究最多的。在选用消毒药时应选用杀菌谱广、有效浓度低、作用快、效果好、对人畜无害、性质稳定、易溶解、不易受有机物和其他理化因素影响、使用方便、价廉、易于推广、无味、无腐蚀、不损坏被消毒物品，使用后残留量少和副作用小等特点的化学消毒剂。在实际工作中，常用的化学消毒法有下面4种。

1. 清洗法

多用于预防性消毒中。常用一定浓度的化学消毒药品对局部擦拭，对种蛋清洗，对动物圈舍的地面、用具、墙裙及设备等进行清洗等。

2. 浸泡法

将被消毒物品浸泡在配制好的消毒液中一定时间，从而达到消毒的目的。一般常用于实验室中对器皿、器械和小型实验动物尸体的消毒，也可用于检疫器械，如刀、钩、棒、病理剖检器械和工作服等的消毒，动物药浴也属浸泡法。

3. 喷洒法

该法是化学消毒法中最为常用的方法，也是预防性消毒和疫源地消毒中最常用又简便易行、效力可靠的消毒方法。实施前将配好的消毒药液装入喷雾器中，对动物圈舍、地面、墙面、用具、运输工具及皮张等动物产品进行喷雾、喷洒，以达到消毒的目的。

4. 熏蒸法

熏蒸法是利用加热消毒药使之挥发或采用两种化学药物相互

作用，发生化学反应产生气雾进行气体、烟雾、催化熏蒸等。此法适用于密闭的动物圈舍、厂房、库房及置于密闭房间中的动物产品等的消毒，特别是对环境空气和其他方法不能触及的深部、死角等处，可通过熏蒸气体的扩散取得较好的消毒效果。

三、生物消毒法

生物消毒法是利用微生物在一定条件下生长繁殖时持续产酸、产热而致不耐酸、怕热的病原微生物死亡，以达到消毒目的的一种消毒方法。如密封土壤、粪便中的有机物和嗜热菌繁殖时产生高达70℃以上的热，经过1~2个月可将病原微生物（芽孢菌除外）、寄生虫卵杀死，达到消毒的目的。

生物消毒法常用于对粪便、污物和其他废弃物的无害化处理；但对炭疽、气肿疽等芽孢病原体污染不适用此法，应作焚烧处理。用此法对粪便、垫草、污物等消毒既方便又经济，且在消毒后不失其作为肥料的使用价值，因此符合绿色和可持续发展的要求。

在实际工作中，无论是预防性消毒还是疫源地消毒，针对不同消毒对象和消毒要求，应选择不同的消毒方式和方法。但往往有时是将物理、化学、生物等消毒方法综合起来实施，以确保消毒效果。

第四节　生产、流通过程中的消毒

一、养殖场消毒

养殖场的消毒应制度化，坚持专人负责、定期实施、方法合理、规范操作的原则。

1. 养殖场常用消毒剂的选择

在选用消毒剂时，要选择消毒效果好，对人和动物安全，对设施、设备没有损害，用后不会在动物体内产生有害积累的消毒剂。

2. 养殖场常用的消毒方法

养殖场实施消毒时应根据不同的消毒对象选择适当的消毒方法，以达到消毒目的。常用的有以下 6 种。

（1）喷撒消毒法。它是在养殖场周围、入口、产床和培育床下面撒消毒剂，如撒生石灰等，可有效杀灭病原微生物，达到防疫目的。

（2）喷雾消毒法。它是指将一定浓度的消毒液装入喷雾器，通过喷雾器使消毒液雾化喷出与目标物作用，实现消毒目的。常用的消毒剂有次氯酸盐、有机碘混合物、过氧乙酸、新洁尔灭等，主要用于养殖场畜（禽）舍清洗完毕后的喷洒消毒、带畜（禽）消毒、进场道路和进入场区的车辆消毒。

（3）紫外线消毒法。它是指通过日光或人造紫外线灯照射达到消毒目的。常用在养殖场的入口、更衣间和其他室内消毒。

（4）浸泡消毒法。它是用一定浓度的消毒液，如新洁尔灭、有机碘混合物或煤酚皂水溶液，进行洗手、洗工作服以及胶靴等的消毒。

（5）熏蒸消毒法。按每立方米用 40%甲醛溶液 42 毫升、高锰酸钾 21 克，温度在 21℃以上、相对湿度 70%以上，封闭熏蒸24 小时。

（6）火焰消毒法。用酒精、汽油、柴油、液化气喷灯，在养殖场动物经常接触的地方，用火焰依次瞬间喷射，对产房、培育舍使用效果更好。

3. 养殖场的消毒范围和对象

（1）养殖场环境消毒。动物圈舍周围、各类出入口周围、下水道出口、运动场、场内污水池、排粪坑等，每2~3周用2%碱溶液、漂白粉或撒生石灰消毒1次。

（2）进入养殖场的人员消毒。凡进入养殖场内的工作人员、管理人员、参观者等，均需经过洗澡、更换场区工作服和工作鞋、严格消毒，并按指定路线行走。

（3）动物圈舍的消毒。每批动物调出后，要彻底清扫干净，用高压水枪冲洗，然后进行喷雾消毒和熏蒸消毒。

（4）用具消毒。定期对保温箱、分娩箱、分娩栏、产仔箱、孵化箱、喂料器、料槽、补料槽、料桶、饲料车、料箱、饮水器、水管、清洁器具、笼具等进行消毒。可先用0.1%新洁尔灭或0.2%~0.5%过氧乙酸消毒，然后在密闭的室内进行熏蒸。

（5）带动物消毒。定期进行带猪消毒，有利于减少环境中的病原微生物。可用于带动物消毒的消毒液有0.1%新洁尔灭、0.3%过氧乙酸、0.1%次氯酸钠等。

二、屠宰场的消毒

屠宰场周围的消毒同养殖场周围的消毒。

屠宰场、屠宰间、加工车间入口处等须设消毒池，池内消毒液也应保持足够的数量和浓度。

屠宰场、屠宰间、加工车间内的场地、墙壁、通道、工作台等每天先用蒸汽或热水刷洗油污面，再用0.1%~0.3%过氧乙酸或0.2%次氯酸钠、0.3%漂白粉喷雾消毒；通道最好用10%石灰乳消毒；工作台面用5%热碳酸钠溶液消毒。

排酸间、分割车间等的空间净化可安装紫外线照射，也可用0.3%~0.4%漂白粉溶液或0.2%过氧乙酸、0.2%次氯酸钠喷雾消毒；还可用 1.5% 过氧乙酸或甲醛液加热熏蒸。

污水、废弃的血、粪、肉渣、毛、下水等，用 2 000 毫升/升漂白粉溶液作用 6 小时。

三、动物饲养环境消毒

1. 动物饲养环境出入口的消毒

动物饲养环境的出入口应建消毒池。消毒池的长度应大于一个半车轮的长度，宽度同出入口的宽度。在消毒池内放入 20% 新鲜石灰乳或 2%~4% 氢氧化钠溶液等消毒液，消毒剂应定期添加，冬季可加盐防冻。种畜（禽）场大门口应设喷淋装置，用 0.2%~0.5% 过氧乙酸等，对车辆进行喷淋消毒。

2. 动物饲养场地、运动场、交易场所的消毒

动物的饲养场地、运动场和交易场所可用 2%~4% 氢氧化钠或 0.35%~1% 菌毒敌、0.5% 农福、0.2%~0.5% 过氧乙酸、0.2% 次氯酸钠等消毒剂定期喷洒消毒。

3. 动物圈舍（包括饲养圈、候宰圈、隔离圈）的消毒

（1）圈舍消毒。除用上述药物对动物圈舍进行喷洒消毒外，还可用 0.3% 漂白粉溶液喷雾消毒，每平方米用量 0.5~1 升，乳酸蒸气消毒按 6~12 毫升/100 米^3 的用量计。方法是：乳酸加水稀释成 20% 浓度，放入器皿中加热蒸发，密闭门窗，经 30~60 分钟后通风排气。也可用 28 毫升/米^3 甲醛液（加高锰酸钾 14 克）熏蒸半小时后通风。

（2）圈舍内器具的消毒。圈舍内的食槽、水槽（饮水器）、支架等器具可用 2%~3% 氢氧化钠溶液、0.1% 过氧乙酸或 0.3% 漂白粉溶液洗刷消毒后，用清水冲洗干净。

4. 动物排泄物、分泌物的消毒

动物的排泄物、分泌物最好进行生物热消毒（堆积发酵）：

堆积粪便应远离房屋、水源、畜舍最少 100 米处。堆积的粪便应疏松，侧面倾斜 70°，如为干粪须用水浸湿（50 升/米³），外围覆盖 10 厘米厚土层。堆好后至少保存 2 个月使其升温发酵，达到消毒的目的。

5. 饮用水的消毒

饮用水用含 0.5～1.0 毫升/升有效氯的漂白粉或氯制剂搅匀，放置 30 分钟后使用。

四、动物、动物产品运载工具的消毒

动物、动物产品运载工具的消毒是指对通过陆路、水运和航空运输动物、动物产品的所有运载工具，在装前和卸后进行的消毒。

在对运载工具消毒之前，应将运载工具清扫和水洗刷干净，并将清扫的垃圾和刷洗的污水进行无害化处理。

运载工具的消毒应选择无腐蚀性、消毒效果好的消毒剂，消毒后最好用清水再冲洗干净。

常用于运载工具消毒的消毒剂有用 5%石炭酸、0.2%过氧乙酸、0.2%次氯酸钠等，喷雾消毒 2 小时后，用干抹布擦干净，一般不宜用含氯消毒剂。

装运动物、动物产品的运载工具在装前和运后，每次最好经二次或二次以上消毒。消毒处理程序是：消毒→清扫→冲洗→消毒。冲洗应从运载工具的顶部开始，由内向外渐及各部。两次消毒间隔至少半小时。对装运过患病动物或染疫动物产品的运载工具，应使用 4%氢氧化钠或 4%甲醛溶液进行消毒。

五、动物的消毒

1. 禽类孵化过程中的消毒

当出雏达 60%时，用福尔马林（7 毫升/米³）熏蒸 30 分钟。

2. 10 日龄后的雏鸡

每周可用1‰次氯酸钠或1‰过氧乙酸带鸡消毒，1月龄后可用2‰上述药物消毒。

3. 育成动物（猪、牛、羊、马、兔、鸡等）

可用0.2%过氧乙酸或0.2%菌毒敌带畜消毒。

六、动物产品加工场所、仓库、交易场地的消毒

先将库房货物出空，使库温升至常温，彻底除霉除霜后用清水冲洗干净。

1. 冷库（墙壁、地面、空间）消毒

（1）用0.2%过氧乙酸或0.2%次氯酸钠喷雾消毒，每立方米用量为1毫升；或用含0.3%~0.4%有效氯的漂白粉按0.5升/米³喷洒消毒。

（2）用甲醛液15~25毫升/米³（相对湿度为60%~80%，温度不低于20℃）加热熏蒸，24小时后通风；或用1.5%过氧乙酸加热熏蒸24小时后通风换气。

2. 动物产品仓储或加工场所、交易场地的消毒

可用2%氢氧化钠或3%来苏儿、0.1%新洁尔灭、0.35%~1%菌毒敌及0.5%农福喷雾消毒。

七、动物产品的消毒

1. 肉类、食品原料的外包装消毒

可用0.2%过氧乙酸或0.2%次氯酸钠喷雾消毒。

2. 药用动物产品的消毒

用0.2%过氧乙酸外表喷雾消毒或用0.3%过氧乙酸浸泡消毒；或用0.2%的84消毒液（含有效氯达500毫克/千克的氯消毒剂）浸泡消毒。

3. 其他动物产品及外包装的消毒

（1）用 2% 氢氧化钠或 0.35%～1% 菌毒敌、0.5% 农福、0.2% 过氧乙酸、0.2% 次氯酸钠、0.3% 漂白粉、0.5% 过氧乙酸（仅限泡皮）、3% 甲醛喷雾消毒。

（2）用环氧乙烷加溴化乙烷（1：1）熏蒸消毒，72 小时后换气。

4. 种蛋消毒

孵化前日种蛋需用 28 毫升/米^3 甲醛加高锰酸钾 14 克熏蒸 30 分钟。种蛋放入孵化器内，再用 28 毫升/米^3 甲醛加高锰酸钾 14 克熏蒸 20 分钟（温度 29～30℃，相对湿度 65%～75%）。

5. 从健康畜禽屠宰获取的皮张、毛、羽、绒、骨、蹄和角的消毒

（1）皮张、毛、羽、绒用环氧乙烷熏蒸消毒。具体方法是将皮张或毛、羽、绒有序地堆放入消毒容器中码成垛形，但不易过高，各行之间保持适当距离，以利于气体穿透和人员操作。

具体要求：熏蒸容器的温度在 25～40℃（不得低于 18℃），相对湿度在 30%～50%，按 0.1～0.7 千克/米^3 通入环氧乙烷气体，熏蒸 48 小时。消毒结束后，通风 1 小时。

用福尔马林熏蒸也适用于皮张、毛、羽、绒的消毒，堆码方法同上，但其消毒点容积不超过 10 米^3，消毒室温度应在 25℃ 左右，湿度调节在 70%～90%，按蒸发福尔马林 80～300 毫升/米^3 的量通入气体，作用 24 小时。

新鲜皮、盐湿皮的消毒适用过氧乙酸浸泡消毒法，将新鲜皮和盐湿皮浸泡于现配的 2% 过氧乙酸溶液中 30 分钟（溶液高于物品）捞出，用水冲洗后晾干。

（2）骨、蹄、角的消毒。

①高压蒸煮消毒法。将骨、蹄、角放入高压锅内蒸煮至脱脂

时止。

②过氧乙酸或甲醛水溶液消毒法。现配制 0.3%过氧乙酸溶液或者 1%甲醛溶液，然后将骨或蹄、角放入该溶液中浸泡 30 分钟，捞出用水冲洗干净后晾干。

第三章　免疫接种

第一节　免疫接种前的准备

一、疫苗的领取

动物强制免疫疫苗由省级动物疫病预防控制中心统一组织，实行省（自治区、直辖市）、市、县逐级供应制度，并分别建立台账，其他任何单位和个人不准经营。防疫时可到所在地动物疫病预防控制中心或乡镇动物卫生监督所领取疫苗，领取时做好台账登记。

普通动物疫苗可到当地正规兽用生物制品经营单位购买。

二、免疫物品的准备

根据不同疫苗、不同免疫方法、不同畜禽做相应准备。

（一）疫苗

包括免疫用疫苗、稀释液或生理盐水。

（二）器械

注射免疫：灭菌注射器（一般注射器或连续注射器）、针头、搪瓷盘、镊子、剪毛剪。

饮水免疫：饮水器或饮水盘、刻度水桶、搅拌棒。

滴鼻免疫：滴管、量筒或量杯。

喷雾免疫：专用喷雾器、量筒。

刺种免疫：刺种针、量筒或量杯。

口服免疫：量筒或量杯、口服投药器。

保定器械：牛鼻钳、耳夹子、保定架、网兜等。

（三）药品

注射部位消毒药：75%酒精棉球，2%～5%碘酊，消毒干棉签。

人员消毒药：手洗消毒液、75%酒精等。

急救药品：0.1%盐酸肾上腺素、地塞米松磷酸钠、盐酸异丙嗪、5%葡萄糖注射液、生理盐水等。

（四）防护用品

工作服或防护服：胶靴、橡皮手套、口罩、工作帽、护目镜、毛巾等。

（五）其他物品

疫苗冷藏箱、冰块、免疫登记表、免疫证。

三、注射器、针头的选择

（一）注射器

金属注射器：有 10 毫升、20 毫升、30 毫升、50 毫升等规格。特点是耐用、不易损坏、装量大、剂量较准，但构造烦琐，调整麻烦，不易清洗。适用于猪、牛、马、羊、犬等大、中型动物。

玻璃注射器规格齐全、使用方便、易于清洗消毒，但容易损坏，操作不当药液易流失。适用于各种畜禽的免疫注射。

一次性注射器：规格齐全，使用方便。不需要提前消毒。一畜一针，不易人为感染。使用后要收回，无害化集中销毁。

连续注射器：最大装量为 2 毫升。特点是轻便、效率高、剂

量准，适用于家禽、小动物注射。

（二）针头

针头的大小要适宜。针头过短、过粗，注射后疫苗易流出；针头过长易伤骨膜、脏器；过细药液不易流出，影响注射。

家禽用 7 号针头（冻干苗）或 12 号针头（灭活苗）。2～4 周龄猪用 16 号针头（2.5 厘米长），4 周龄以上猪用 18 号针头（4.0 厘米长）；羊用 18 号针头（4.0 厘米长）；牛用 20 号针头（4.0 厘米长）。

四、免疫接种用品的清洗和消毒

将注射器、针头、刺种针、滴鼻（点眼）滴管、量筒等所需接种用具用清水冲洗干净，玻璃注射器针芯、针管分开用纱布包好，如为金属注射器，拧松调节螺丝，抽出活塞，取出玻璃管，用纱布包好，镊子、剪刀用纱布包好，针头插在多层纱布夹层中，在高压灭菌器中121℃高压灭菌15分钟，或加水淹没器械2厘米以上，煮沸消毒30毫升消毒器械当日使用，超过日期或怀疑有污染要重新消毒。禁止使用化学消毒药浸泡消毒。一次性无菌接种用品要检查包装是否完整和有效期。

五、疫苗的检查和稀释

详细阅读疫苗使用说明书，了解其用途、使用方法、用量、注意事项等。

检查疫苗外观质量，发现疫苗瓶破裂、瓶盖松动、漏液、标签不完整、超过有效期、破乳或分层、有异物、霉变、冻干块萎缩、无真空等，不得使用。

注射用的灭活疫苗要先进行预温，使其恢复到室温（15～25℃）。可放到适度的温水中或温度适合的室内自然升温。

按说明书要求和接种方法，用疫苗稀释液、生理盐水或注射用水等稀释疫苗，配比一定要准确。

如果疫苗需要稀释，要用酒精棉球消毒瓶塞后，用注射器抽取稀释液，注入疫苗瓶内，振荡，使疫苗完全溶解。如需配制在其他容器内，要用稀释液或生理盐水等将疫苗瓶内的药物完全清洗取净。

灭活疫苗或油乳剂疫苗轻摇后，消毒瓶塞，直接抽取使用。

稀释后的疫苗如不立即使用或未用完，要先放在带有冰块的冷藏箱内，避免高温或阳光直射，在 1~2 小时内用完。如果接种畜禽量过大，应采取随用随稀释的方法，以免时间太长影响疫苗效价。

六、动物的保定

接种疫苗前要做好动物的保定，良好的保定可保障人畜安全，使免疫顺利进行，确保免疫质量。

（一）猪的保定

正提保定法：适用于仔猪耳根部、颈部的肌内注射。保定者用双手分别握住猪的两耳、向上提起猪的头部，使猪的前肢悬空。

倒提保定法：适用于仔猪腹腔注射等。保定者用两手紧握猪的两后肢胫部，有力提举，使其腹部向前，同时用两腿夹住猪的背部，防止猪摆动。

侧卧保定法：适用于猪的注射、去势等。保定者一人抓住一后肢，另一人抓住耳朵，使猪失去平衡，侧卧倒地，固定头部，根据需要固定后肢。

仰卧保定法：适用于前腔静脉采血、灌药等。将猪放倒，使猪保持仰卧姿势，固定四肢。

木棒保定法：适用于大猪和性情凶猛的猪。用一根 1.6~1.7 米长的木棍，末端系一根 30~40 厘米长的麻绳，再用麻绳的另一端在近木棍末端 15 厘米处做成一个固定大小的套。也可购买现成的保定木棒。保定时将套套在猪上颌骨犬齿的后方，随后将木棍向猪背后方向转动收紧绳套，即可将猪保定。

其他保定方法：可使用保定绳、保定器、保定床等。按说明使用即可。

（二）牛的保定

徒手保定法：适用于颈部肌内注射、一般检查、灌药等。先用一手抓住牛角，然后拉提鼻绳、鼻环或一手的拇指、食指、中指捏住牛的鼻中隔加以固定。

牛鼻钳保定法：适用于颈部肌内注射、一般检查、灌药、颈静脉注射、检疫等。将鼻钳两钳嘴抵住两鼻孔，并迅速夹紧鼻中隔，用一手或双手握持，亦可用绳系紧钳柄将其固定。

柱栏保定法：适用于免疫注射、疾病治疗、检查等。有二柱栏、四柱栏、六柱栏等。柱栏要配有胸革、臀革、肩革等或相应扁绳。将牛牵入栏内，固定好缰绳。

（三）羊的保定

站立保定法：适用于疫苗注射、临床检查、治疗等。两手握住羊的两角或耳朵，保定者骑跨到羊背上，用大腿内侧夹持住羊两侧胸壁即可保定。

侧部保定法：适用于疫苗注射、临床检查、治疗等。保定者左手和胳膊从羊的一侧颈下方抱住羊的颈部，右手从羊背部到另一侧握住羊前肢腋下部，呈蹲式搂紧羊只。

侧卧保定法：适用于疫苗注射、治疗、简单手术等。保定者俯身从对侧一手抓住羊两前肢系部或抓一前肢臂部，另一只手抓住腹肋部膝前皱襞处扳倒羊体，然后再抓两后肢系部，前后一起按住即可。

(四) 犬的保定

网口保定法：适用于疫苗注射和一般检查等。用皮革、金属或棉麻制成口网，套于犬的口部，将其附带系于两耳后方颈部，防止脱落。口网的规格应根据犬的大小选择使用。

扎口保定法：适用于疫苗注射和一般检查等。用绷带或布条做成猪蹄扣套在犬的鼻面部，使绷带的两端位于下颌处并向后引至颈部打结固定。此法较口网法简单且牢靠。

横卧保定法：适用于临床检查、治疗、疫苗注射等。先将犬做扎口保定，然后两手分别握住犬两前肢的腕部和两后肢的趾部，将犬提起横卧在平台上，以右臂压住犬的颈部，即可保定。

(五) 动物保定注意事项

了解动物习性和有无恶癖，保定要在畜主的协助下完成。

不要粗暴对待动物，要有爱心和耐心。

选用器械要合适，绳索要结实、粗细适宜，绳要打活结，以便危急时刻迅速解开。

根据动物大小选择适宜场地，地面要平整，没有碎石、瓦砾等，防止损伤动物。无论是接近单个动物或动物群体，都应适当限制参与人数，以防惊吓动物。切实做好参与保定人员的个人防护，保证人员安全。

七、免疫人员消毒和个人防护

(一) 消毒

免疫人员接种前要剪短指甲，用肥皂洗手后，清水洗净，消毒液洗手，再用75%酒精消毒手指。

消毒液要选取可用于皮肤的消毒溶液，如来苏儿、新洁尔灭、聚维酮碘等溶液，按使用说明配成消毒洗手液。

（二）个人防护

免疫人员要穿好工作服或防护服、胶靴，戴好帽子、口罩、护目镜、橡胶薄手套，特别是在进行人畜共患病（如布鲁氏菌病）免疫和气雾免疫时，严格做好个人防护。

八、接种动物外观健康检查

检查动物精神状况、体温、食欲、被毛，询问饲养员近期有无发病情况。不正常的畜禽不能接种或暂缓接种。

发病、瘦弱、部分日龄较小的牲畜不能接种。

怀孕后期动物不予接种或暂缓接种。孕期动物按疫苗说明书决定是否进行接种。

对不能接种动物进行登记，以后补种。

第二节 免疫接种方法

一、饮水免疫法

适用范围：大群禽类免疫。

操作方法：家禽先停水 2～4 小时（夏天停水时间短，冬天较长），选择不含消毒剂和铁离子的凉开水、深井水、蒸馏水或生理盐水等将疫苗稀释，饮水量为平时日耗水量的 40%～50%，把稀释好的水倒入饮水器或水盘内，让禽类自由饮用。

二、注射免疫法

（一）皮下注射

1. 禽类皮下注射

适用范围：雏禽、幼禽。

操作方法：左手握住幼禽保定好，在颈背部下 1/3 处，用大拇指和食指捏住颈中线的皮肤并向上提起，针孔向下与皮肤呈 45°角从前向后方向刺入皮下 0.5~1 厘米。推动注射器活塞，缓缓注入疫苗，注射完毕后快速拔出针头。

注意事项：多数使用连续注射器操作，疫苗剂量较小，不需要皮肤消毒。注射过程中要经常检查注射器是否正常。保定时一定要捏住皮肤，不能只捏羽毛。确保针头刺入皮下。注射速度不要太快，防止疫苗外溢。

2. 家畜皮下注射

适用范围：牛、马、羊、猪、犬等。

操作方法：注射部位要选择皮薄毛少、皮肤松弛、皮下血管少的部位。马、牛、羊等宜在颈侧中 1/3 处，猪宜在耳根后或股内侧，犬宜在股内侧。保定好动物后，用 2%~5% 碘酊棉球由内向外螺旋式消毒接种部位，再用挤干的 75% 酒精棉球脱碘。左手拇指与食指捏住消毒处皮肤提起呈三角形，右手持注射器，沿三角形基部快速刺入皮下约 2 厘米，左手放开皮肤（如果针头刺入皮下，则可较自由拨动），回抽针芯，如无回血，缓慢注入药液，注射完毕后用消毒的干棉球按住注射针眼部位，拔出针头。最后涂以 2%~5% 碘酊消毒。

注意事项：用 75% 酒精脱碘，待酒精干后再注射。插针时要防止刺穿皮肤注射到皮外。避免将药液注射到血管。

（二）肌内注射法

1. 禽类肌内注射

适用范围：鸡、鸭、鹅、鸽子等禽类。

操作方法：可选择胸部、腿部或翅根部位肌肉。保定好禽类后，用 75% 酒精棉球擦拭注射部位，酒精干后进行注射。胸部肌内注射时要将疫苗注射到胸骨外侧 2~3 厘米的表面肌肉内，进

针方向与机体保持 45°角，倾斜向前进针；腿部肌内注射时应选择在无血管处的外侧腓肠肌，顺着腿骨方向与腿部保持 30°~45°角进针，将疫苗注射到外侧腓肠肌的浅部肌肉内。2 月龄以上的鸡可选择翅根肌内注射，要选择翅根部肌肉多的地方注射。

注意事项：胸部肌内注射时进针方向要掌握好，避免刺穿体腔或刺伤肝脏、心脏等，尤其是体格较小的禽类，注射时要先看有无回血再注射，避免伤及血管。要选择大小适宜的注射器和针头。

2. 家畜的肌内注射

适用范围：猪、牛、马、羊、犬、兔等家畜。

操作方法：应选择肌肉丰满、血管少、远离神经干的部分。马、牛宜在臀部或颈部，猪宜在耳后、臀部，羊、犬、兔宜在颈部。保定好动物后，用 2%~5% 碘酊棉球由内向外螺旋式消毒接种部位，再用挤干的 75% 酒精棉球脱碘。左手固定注射部位，右手拿注射器，针头垂直刺入肌肉内，然后用左手固定注射器，右手回抽针芯，如无回血，慢慢注入药液，发现回血要变更刺入位置。如果动物不安定或皮厚不易刺入，可将针头取下，用右手拇指、食指和中指捏紧针头尾部，对准注射部位迅速刺入肌肉，然后接上注射器进行注射。肌内注射时，进针方向要与注射部位皮肤垂直。注射完毕拔出针头后，涂以 2%~5% 碘酊消毒针眼部位。

注意事项：要根据动物大小和肥瘦程度，掌握刺入深度，避免刺入太深伤及骨膜、血管、神经等，或因刺入太浅将疫苗注入脂肪而不易吸收。要选择大小适宜的注射器和针头，防止针头折断，禁止打飞针，注意更换针头。

(三) 皮内注射法

适用范围：家畜、家禽的皮内免疫接种。如绵羊痘活疫苗和山羊痘活疫苗。

操作方法：选择皮肤致密，被毛稀少部位。羊宜在尾根部或颈部，马、牛宜在颈侧、尾根、肩胛中央，猪宜在耳根后，鸡宜在肉髯部位。保定动物后，注射部位消毒，用左手将皮肤夹起一皱褶或用左手绷紧固定皮肤，右手持注射器，在皱褶上或皮肤上斜着使针头几乎与皮面平行轻轻刺入皮内约 0.5 厘米，放松左手，左手在针头和针管连接处固定针头，右手持注射器，缓缓注入药液。如果针头确在皮内，则注射时感觉有较大阻力，同时注射处形成一个圆丘状凸起。注射完毕后拔出针头，用 2%～5%碘酊消毒注射部位。

注意事项：针头不要太粗。药液不宜过多，一般在 0.5 毫升以内。部位选择要正确，不要注入皮下。

（四）穴位注射法

适用范围：猪。有些疫苗需要进行穴位注射才能起到较好效果，如猪传染性胃肠炎疫苗。

操作方法：

后海穴：位于肛门和尾根之间的凹陷处。保定好猪只，将尾巴提起消毒后，手持注射器于后海穴向前上方进针，刺入 0.5～4 厘米（根据猪的大小、肥瘦掌握进针深度），注入疫苗后拔出针头，消毒注射部位。

风池穴：位于寰椎前缘直上部的凹陷中，左右各有一穴。保定猪只局部剪毛消毒后，手持注射器垂直刺入 1～1.5 厘米（根据猪的大小、肥瘦掌握进针深度）进行注射。

（五）胸腔注射法

适用范围：猪。少量疫苗需要进行胸腔注射，如猪喘气病疫苗。

操作方法：保定好猪只，剪毛消毒后，在右侧胸腔倒数第

六、第七肋骨间与肩胛骨后缘平齐，垂直刺入。

（六）静脉注射法

适用范围：马、牛、羊、猪、犬等家畜。如免疫血清的注射。

操作方法：马、牛、羊在颈静脉，猪在耳静脉或前腔静脉，犬在趾背外侧静脉或前臂内侧皮下静脉。保定好动物，局部剪毛消毒后找到静脉，用左手指按压注射部位稍下后方，使静脉显露，右手持注射器或注射针头，快速刺入血管，有血流出时，放开左手，将针头顺着血管向里深入，固定好针头，检查有回血后，缓慢注入药液。注射完毕后，用消毒干棉球压紧针眼，右手迅速拔出针头，继续紧压针孔局部片刻，最后用碘酊棉球消毒。

注意事项：要找准静脉，做好消毒，药液推注要缓慢。拔针后按压要充分，防止血肿。

三、滴鼻、点眼免疫法

适用范围：雏禽、幼禽、仔猪。

操作方法：稀释疫苗前要先计算好所使用的滴管多少滴为1毫升，一般1毫升约20滴，一滴约0.05毫升；每只家禽滴2滴，约需要疫苗0.1毫升。操作时左手握住禽体，用拇指和食指夹住头部，右手持滴管将疫苗滴入眼或鼻内，待疫苗进入眼、鼻后，将禽放开。仔猪免疫时将猪头部向上抬起，用专用滴鼻器或专用滴管将疫苗滴入鼻腔内，最好形成雾滴状滴入。

注意事项：操作要迅速，防止漏滴和甩头。仔猪要保定好，确保疫苗吸入鼻腔。

四、口服免疫法

适用范围：猪、牛、羊等一些菌苗的免疫，如布鲁氏菌病活疫苗、仔猪副伤寒活疫苗、链球菌活疫苗等。

操作方法：将疫苗用生理盐水或清洁凉开水稀释后拌入饲料中口服或直接稀释后灌服。有条件的可用疫苗投放器按说明书要求进行操作。

注意事项：口服时疫苗剂量一定要充足，稀释用的水和饲料温度不能高，饲料中或水中不能含有影响疫苗效果的药物、添加剂等。

五、刺种免疫法

适用范围：家禽。

操作方法：选择禽翅膀内侧三角区无血管处。左手抓住鸡的一只翅膀，右手持刺种针插入疫苗瓶中，蘸取稀释的疫苗液，在翅膀内侧无血管处刺针。拔出刺种针，稍停片刻，待疫苗吸收后，将禽放开。

注意事项：进行接种禽类要健康，防止刺种传染疫病。刺种时不要伤及血管和骨骼。刺种后 10 天左右观察刺种部位有无红肿、结痂，如果没有要重新补刺。

六、气雾免疫法

适用范围：禽类，一般用于鸡群。

操作方法：一般在清晨进行。疫苗用量按禽舍设计饲养量计算并适当增加（通常加倍），稀释液每 1 000 只平养鸡用量为 400 毫升，多层笼养的鸡为 200 毫升，在饲养量不足的情况下仍需使用同样多的疫苗。免疫前关闭门窗和通风系统，用适

当粒度（30~50 微米）的喷雾器在鸡群上方离鸡只 0.5 米处喷雾，边走边喷，至少应喷 2~3 遍，让鸡只充分吸入飘浮在空气中的带有疫苗的雾滴。喷雾完毕后 20~30 分钟开启门窗或通风系统。

注意事项：气雾免疫当天不能进行喷雾消毒，避免阳光直射。免疫进行过程中要随时观察舍温，防止温度过高。喷雾免疫时禽舍内湿度不能过低，灰尘较大的房舍喷雾免疫前后要用适量清水进行喷雾降低尘埃。接种人员要做好个人防护。

第三节 免疫副反应的预防及处理

免疫接种后，在免疫反应时间内，要仔细观察免疫动物的精神状况、饮食、体温等，对有异常表现的动物要予以登记，严重时要及时抢救。

一、不良反应的预防

严格按照疫苗使用说明进行接种，注射部位要适当，注射方法要规范，注射剂量要准确。

预防接种前要减少应激反应的发生。避免动物受到寒冷、高温、转群、长途运输、惊吓、脱水等外界因素的刺激。

掌握动物健康状况。对发病的或精神、食欲、体温等不正常的动物和体质瘦弱的动物等暂缓接种。孕畜要谨慎接种。处于潜伏期的动物注射疫苗后很容易引起用苗后的不良反应，并加速病情的发展。对于怀疑有疫病潜伏感染的畜禽，用苗要非常慎重。

按照合理的免疫程序，选择适宜毒力或毒株的疫苗。不同疫苗接种要有一定时间间隔。

对于接种反应较大或不经常使用的疫苗，可先进行小群动物接种实验，再进行大群接种。

免疫前后要做好饲养管理，提供优质饲料，提高机体非特异性免疫力。

二、免疫副反应的处理

一般反应：有些动物在注射疫苗后会出现精神萎靡不振，食欲减退，体温轻微升高，产奶量或产蛋量下降等现象。这种情况一般不需要特殊治疗，经过 1~3 天可恢复正常。

严重反应：因个体差异，个别动物注射疫苗后会出现急性过敏反应，表现为呼吸加快，可视黏膜充血，注射部位肿胀，肌肉震颤，口吐白沫，倒地抽搐等，常因抢救不及时而死亡。对反应严重的动物，可迅速皮下注射 0.1% 的盐酸肾上腺素 5 毫克，视病情缓解程度，20 分钟后可以相同剂量重复注射 1 次。同时要采取抗休克、抗过敏、强心补液、消炎抗感染、镇静解痉等疗法进行抢救治疗。

三、免疫接种反应报告的填写

免疫接种造成死亡和出现免疫接种严重反应数量较多时，要填写动物免疫接种反应现场记录，记录应包括畜禽类别、数量、日龄，所用生物制品名称、生产厂家、批号、有效期，注射方法、剂量、免疫日期，畜禽免疫反应数量、反应出现时间、死亡数量、临床症状、救治措施等，经畜主签字后报当地动物防疫监督机构和兽医部门。同时留存好使用的疫苗样本和空瓶。如果出现大面积的免疫接种严重反应，当地动物防疫监督机构要停止使用引起反应的疫苗并留存本批次疫苗样本，做好相关资料整理工作，及时通知生产厂家。动物免疫反应造成损失的补偿按照有关文件规定执行。

第四节　疫苗贮藏

一、冷链设施的配置和管理

冷链是指为保持疫苗贮藏温度，在规定的范围内所使用的设施设备、物品的总称。

冷链设施和物品包括冷冻库、冷藏库、冷冻冰柜、冷藏冰箱或冰柜、冷藏车、液氮罐、疫苗冷藏箱、冷藏包、温湿度计、冰媒等，可根据具体需要做相应配置。

冷库要按规定的要求进行建设，做好防火、防盗、防潮、防鼠、防污染等措施。配备备用发电机或第二电源。

冰箱、冰柜要安放在通风、干燥的环境中。离开墙壁，远离热源，配置专用插座。

冷链管理要有专人负责，对设施设备定期进行维护和检修，定期进行除霜、内外清洁、消毒，做好记录。

存放疫苗的冷库、冰柜、冰箱、运输车要配置温湿度计。每天观察温度与湿度状况，做好记录。

二、疫苗的运输

冻干活疫苗大量运输时应采用冷藏车运输，少量运送时可使用冷藏箱（包）加冰媒。运输过程中要防晒防热。

灭活疫苗大量运输时应采用冷藏车运输，少量运送时可以使用冷藏箱加冰媒。运输过程中冬季要防止冻结，夏季要防阳光照射。

疫苗运输过程中要选择最快到达路线，避免中途停留。

三、疫苗的贮藏

疫苗贮藏前要先查阅所贮藏疫苗的使用说明书，了解清楚疫苗贮藏温度和注意事项。同时要查看疫苗外包装、疫苗外观、有效期、批号等，看有无破损、失效，油苗看有无分层、破乳、冻结，对数量进行核对后，按温度要求对疫苗进行贮藏。对于直接从生产厂家接收的疫苗，还要查看本批次疫苗的"兽医生物制品生产与检验报告"。

活疫苗一般在-15℃以下条件下贮藏，也有的在2~8℃条件下贮藏，灭活疫苗在2~8℃条件下贮藏。细胞结合型疫苗如马立克氏病血清型疫苗要在液氮中（-196℃）贮藏。

冷冻库、冷冻冰柜或冰箱，温度设置在-15℃或-18°以下，湿度不超过75%。冷藏库、冷藏冰柜或冰箱，温度设置在2~8℃，湿度不超过75%。

冷库内疫苗要贮藏在垫板或货架上。疫苗摆放按箱体要求设置层高，严禁倒置和堆积；箱体离开库壁和箱内设施一定距离，以利于制冷传导。库内疫苗按品种、批次、有效期分类存放，要有标示牌，避免混乱。

冰箱、冰柜内贮藏的疫苗要拆开包装大箱，整盒或整瓶放置，摆放整齐，严禁倒置和堆积，不要紧贴冰箱、冰柜内壁放置。冰箱门内壁储物栏不要长期贮藏疫苗。大型的冰箱或冰柜可按冷库要求贮藏疫苗。

失效、破损、过期的疫苗要及时清理，与正常疫苗分开。设置专用存放处，密封保存，定期销毁，做好销毁记录。

四、疫苗台账管理

各种疫苗尤其是强制免疫疫苗，要建立疫苗登记台账，并由

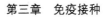

专人负责。台账要详细记录入库、出库疫苗的品种、批准文号、批号、规格、生产厂家、生产日期、有效期、数量等，详细记录领取或使用的单位、养殖场（厂）、养殖户等。疫苗台账记录要做到真实、完整，填写完成后归档保存。

第四章　药物预防

第一节　用药原则

一、合理选择药物

首先选用对病原高度敏感且抗菌谱相对较窄的药物。因为既要考虑对该病的有效性，又要考虑耐药性问题，防止药物在治疗过程中产生交叉耐药性的问题。

常规制剂能够解决问题时，首先选用常规制剂。因为其不仅可以降低用药成本，同时可以避免耐药性和药物生命周期缩短等问题，因新药一般采取更新换代或复方制剂组成，首先使用新药虽能够迅速控制疾病，但同样会导致疾病对该类药物的依赖性。

二、准确认识疾病是选择用药的前提

只有对疾病有一个准确的认识，才能对症下药。通过准确的诊断，明确该病的治疗原则和治疗方向以后，我们才能知道首先应该选择什么药作为主药，什么药作为辅药。也只有明白疾病的发展趋势，才能明确首先应采取的措施，为整个疾病的治疗用药提供明确的方向。

三、对药物治疗疾病的作用机理和方式、类型有足够的了解

对所选药物必须有足够的认识和了解，包括其作用机理、作用方式、作用类型等。因为对其作用机理的了解，可以掌握所选药物对病原的作用机理、作用靶器官等，做到心中有数；对作用方式的了解，可以根据临床需要选择用药；同时可以合理避免药物本身或使用过程中的副作用、毒性作用、过敏反应、继发反应、后遗效应、残留等；对作用方式的了解，可以明确药物选择的合理性，如临床动物疾病主要表现亢奋，就应该考虑选择抑制机能活动（镇静类）的药物。

四、选择准确的用药剂量、给药途径和疗程

用药中还必须考虑准确的用药剂量，因为每一种药物均有其治疗的安全范围和有效范围。超出（或低于）该范围，均有可能造成药物中毒或无效。

选择与药物相适应的给药途径是保证药物发挥有效作用的基本条件。一般给药途径有口服、注射（如皮下、肌内、静脉、胸腔、腹腔注射等）、局部用药（涂擦、撒粉、喷雾、灌注、洗涤等）及环境用药。每一种药物均有其相适应的给药途径。因此，在临床中必须参照使用说明书选择合适的给药途径，以保证药物发挥最佳的效果。

保证药物足够疗程是治愈疾病的关键。每种药物均有其相应的作用时间，在疾病治疗过程中保持较高的血药浓度是有效杀灭或抑制病原、治疗疾病的基本保障。但并不是药物使用时间越长越好，对于一些容易产生耐药性的药物必须注意控制其药物的使用时间，在实际使用中可以采用轮换使用的方法。如抗球虫药必须考虑轮换使用。

五、注意药物的双重性，达到治疗疾病的目的

药物具备双重性的特点，即在治疗过程中产生有利于机体的防治作用，也同时可能产生一些不利于机体的不良反应。因此在临床用药中要尽可能发挥药物的治疗作用，避免不良反应的产生。但是二者又不是绝对的，有时二者会相互转化。在药物配伍中就要考虑药物的双重性问题，合理利用药物与药物、药物与机体和药物与病原之间的双重功效关系，发挥药物最大的治疗效果，尽可能地减少不良反应的发生。

六、了解影响药物作用的因素，合理配伍用药

临床用药中，影响药物作用的因素很多。如动物的种类、年龄、性别和个体差异，药物的剂量、剂型、给药途径和环境因素均会影响药物的作用效果。了解影响药物作用的诸多因素，能够有效指导临床用药，提高疾病治疗的效果，同时还能确保用药的安全性。如体况较差和肾功能衰竭的畜禽用药时就必须考虑动物的承受力，在用药时就应该考虑辅以调节受损组织器官功能和补充营养的药物，以达到安全用药的目的。正确的联合用药能够增强治疗效果，减少或消除药物的不良反应。

第二节　药物配伍禁忌

原则：同类药物不要配伍使用。青霉素类及头孢菌素类抗菌药物不要与快速抑菌剂如四环素类药物配伍使用。两者之间会发生化学反应的制剂不可混合在一起应用，如烟碱、氧化剂和还原剂。两者之间发生物理变化（如吸潮、融化）的制剂不可混合在一起使用。两者的药理作用相互拮抗（除非作为解毒剂）不

可配伍使用，如兴奋剂与抑制剂、拟胆碱药与抗胆碱药、拟肾上腺素药与抗肾上腺素药等。两者在一起会产生毒性增强作用，尽可能不配伍使用，如强心苷与钙制剂等。

青霉素类不与四环素类、酰胺醇类、大环内酯类等抗菌药合用，青霉素类为快速杀菌剂，四环素类为快速抑菌剂，合用干扰了青霉素的作用。青霉素类与维生素 C、碳酸氢钠等也不能同时使用（酸碱度变化，理化性配伍禁忌）。

头孢菌素类忌与氨基糖苷类混合使用。青霉素类和头孢菌素类在静脉注射时，最好与氯化钠配合。与 5% 或 10% 葡萄糖配合，应即配即用，长时间放置会破坏抗生素的效价。

氨基糖苷类不可与酰胺醇类合用。

酰胺醇类与磺胺类药物混合配伍应用会发生水解失效；碱性物质如 $NaHCO_3$、氨茶碱和含钙、镁、锌、铁等金属离子（包括含此类离子的中药）能与四环素类药物络合而阻滞四环素类药物吸收。

红霉素不宜与 β-内酰胺类、酰胺醇类、林可霉素、四环素联用。

酰胺醇类与林可霉素、红霉素、链霉素、青霉素类、氟喹诺酮类等具有拮抗作用。

链霉素类不可与磺胺类、$NaHCO_3$、氨茶碱、人工盐等碱性药物配合使用。

氟喹诺酮类与利福平、酰胺醇类、大环内酯类（如红霉素）、硝基呋喃类合用有拮抗作用。

氟喹诺酮类与氨茶碱对血浆蛋白结合有竞争抑制作用，与氨茶碱联合应用时，使氨茶碱的血药浓度升高，可出现茶碱的毒性反应，应注意。

泰妙菌素不可与聚醚类抗生素如莫能菌素、盐霉素配伍使用。

阿莫西林与四环素、头孢菌素与大环内酯类合用会产生药理性拮抗，杀菌作用降低。

氨苄青霉素钠配合葡萄糖输液、青霉素钠（或氨苄西林钠）配合维生素 C 酸碱度改变，使抗菌药物降解。

第三节　药物残留

药物残留又称兽药残留，是指给动物使用药物后药物原型及其代谢产物蓄积或贮存于动物器官、组织或细胞内。药物残留主要是由于对动物违规用药或用药不当所致。目前造成严重威胁的残留兽药主要有抗生素、磺胺类药物、抗球虫药、激素类和驱虫药类。

药物残留对人体的危害一般不表现急性毒性作用，主要表现为变态反应与过敏反应、细菌耐药性、"三致"（致突变、致畸、致癌）作用及激素样作用。

一、细菌耐药性

耐药菌最大的威胁是通过食物链转移给人类，使人类感染疾病，同时给治疗疾病带来很大的困难，耐药菌感染往往会延误疾病的正常治疗过程，从而给人类带来更大的危害。在正常情况下，人类与其肠道的菌群是多年共同进化而形成的相互适应，某些菌群能抑制其他菌群的过度繁殖，另一些菌群能综合利用维生素供机体使用，但如果长期低水平使用抗生素，使上述平衡扰乱，导致非致病菌死亡，而致病菌大量繁殖，引起人群感染发病或引起人维生素缺乏症等。

二、过敏与变态反应

过敏和变态反应是一种与药物有关的抗原抗体反应，与遗传

性有关，与药物剂量大小无关。临床上过敏和变态反应无本质不同，难以区别。引起过敏和变态反应的物质很多，如异种血清和蛋白、细菌、药物、食品等。在兽药中，青霉素、磺胺、四环素及某些氨基糖苷类抗生素潜在威胁较大，其中以青霉素类引起的过敏反应与变态反应最为常见。虽然许多抗生素被用作治疗药物或饲料药物添加剂，但只有少数抗生素能致敏易感的个体。上述抗生素具有抗原性，能刺激机体内抗体的形成，其中，由于青霉素具有强抗原性，而且在人和动物中广泛应用，因而青霉素具有最大的潜在危害性。

残留在食品中的抗生素，有些经加热不能完全失活，如氨基糖苷类的链霉素、新霉素等，因此，烹调不能成为避免变态反应的措施；四环素降解产物具有更强的溶血或肝毒作用；而金霉素、土霉素在烹调过程中可转变成异金霉素、α 和 β 阿朴氧四环素，较为安全。

三、致突变、致畸和致癌作用

在妊娠关键阶段对胚胎或胎儿产生毒性作用，造成先天性畸形的药物或化学药品称为致畸物。能诱发细胞遗传物质产生变异的药物称为诱变剂或致突变剂。许多诱变剂亦具有致癌作用。由于某些抗生素可引发基因突变、畸变，对人体产生潜在危害而备受关注。

一些抗菌药物具有"三致"作用，世界卫生组织食品添加剂委员会认为，喹乙醇是一种基因毒剂，有证据表明，喹乙醇是一种生殖腺诱变剂。另外，四环素类、氨基糖苷类和 β-内酰胺类等均怀疑具有"三致"作用。

许多国家在食品中不允许有任何量已知的"三致"化合物存在，尤其是有潜在致癌活性的药物存在，这些药物的残留可通过肉、蛋、乳而进入人体，因此，某些品种的抗生素能诱导"三致"发生率的上升，对曾用致癌物进行治疗或饲喂过致癌物的食品动物，在屠宰时不允许在其食用组织中有致癌物残留。

四、药物预防方法

药物预防一般采用群体给药法，常采用方法如下。

（一）饮水给药

该法常用于预防和治疗家禽的传染病。所用的药物应是水溶性的，除注意拌料给药的一些事项外，还应注意用药前停止饮水。要根据动物类别、动物日龄、季节等具体情况，决定饮水量的多少。对于不易溶解的药物可采用适当的加热、加助溶剂或及时搅拌的方法促进药物溶解。

（二）拌料给药

该法简便易行，节省人力，减少应激，效果可靠，主要适用于预防性用药，尤其适用于长期给药。使用该法时，应确保药物混合均匀，多采用分步拌料法，即将所有药物先混合于少量饲料中，然后再将其逐步混合于更多饲料中，直至拌入所需的全部饲料中。同时，应计算好药物的剂量，密切注意给药后动物的不良反应。拌料给药是最常用的一种给药途径。

（三）体外用药

为了杀灭动物体表及其环境中的寄生虫、微生物所采用的给药方法。包括喷洒、喷撒、喷雾、熏蒸和药浴等。

（四）气雾给药

它是指使用能使药物气雾化的机械，将药物分散成一定直径的微粒，弥散于空气中，让动物通过呼吸作用吸入体内或作用于动物被毛及皮肤、黏膜的一种给药方法。可用于气雾给药的药物应无刺激性，易溶解于水。欲使药物作用于肺部，应选用吸湿性

较差的药物；欲使药物作用于上呼吸道，应选择吸湿性较强的药物。另外，要计算好用药剂量，雾粒大小应根据要使用药物所到部位适当控制，如要使药物能进入肺部，雾粒大小以 0.5～5 纳米较合适。

第五章　重大动物疫病应急处理

第一节　重大动物疫情应急管理

一、强化疫情的风险管理

要着眼全局，将风险管理工作纳入国家中长期动物疫病防控整体战略规划框架，保证防控战略规划的合理性、可行性、可操作性，实现体制、机制和技术的协调统一。要健全机制，将应急管理工作"关口前移"到风险管理层面上，使应急管理实现从事后被动型到事前主动型的积极转变，实现应急管理工作从控制扑灭疫情向预防减少疫情转变。

二、加强应急组织体系建设

各级政府应建立高效的、统一的动物疫情应急指挥机构，负责对重大动物疫情应急处理的统一指挥、决策。同时，各级动物疫情应急指挥部应与卫生、自然灾害等应急指挥机构一样，下设统一的常设性日常应急管理办公室，履行重大动物疫情应急管理的日常管理职能，又能够在重大动物疫情发生后成为综合协调、信息汇总、管理危机应对的核心机构。

三、完善疫情信息管理

要进一步完善我国动物疫情信息系统建设，健全动物疫病信息网络质保体系。尽可能拓宽疫情信息来源渠道，加强村级动物疫情信息员的管理，增加监测病种范围，扩大监测覆盖面。要规范信息报告，保证信息传输高效、及时、准确。同时要建立决策指挥信息平台，具备及时汇总分析功能。

四、完善预案编制与管理

要在继续完善总体预案的基础上，重点做好各病种的应急实施方案的制定和完善工作。应急实施方案的制订，讲究"明、实、精"。"明"就是要求每个实施方案要责任明确、职责清晰，确切解决做什么、怎么做、谁负责的问题；"实"就是要求实施方案编制要实事求是、实际管用，同时针对政府、企业和不同职能单位的应急方案应分开制定；"精"就是要求在编制实施方案时文字应"少而精"，避免"大而全"。此外必须加强对应急预案和实施方案的动态管理，避免"束之高阁"，并对其宣传解读、培训演练、评估修改，使之不断完善，以符合实际需要。

五、完善物资储备制度

应及时制定《重大动物疫情应急物资储备管理规范》，按照分级、适量、有效的原则进行应急物资储备，并建立多元化的应急物资储备方式，即实现政府储备与企业储备相结合，实现实物储备和生产能力储备相结合。

六、建立财政保障机制

首先建立应急预算制度，保障重大动物疫情应急管理资金的供给，同时要逐步建立重大动物疫情风险防范基金，每年滚存管理，保证一旦发生重大疫情资金能够调得动、用得上。其次，要进一步规范资金投入环节，科学配比资金投入，增加动物疫情监测、流行病学调查、预警体系等预防预警的投入比例。

第二节 隔离

隔离病畜禽和可疑感染的病畜禽是防治传染病的重要措施之一。隔离病畜禽是为了控制传染源，防止病畜禽继续受到传染，以便将疫情控制在最小范围内加以就地扑灭。

一、可疑感染畜禽

未发现任何症状，但与病畜禽及其污染的环境有过明显的接触，如同群、同圈、同槽、同牧，使用共同的水源、用具等。这类畜禽有可能处在潜伏期，并有排菌（毒）的危险，应在消毒后另选地方将其隔离、看管，限制其活动，详加观察，出现症状的则按病畜禽处理。有条件时应立即进行紧急免疫接种或预防性治疗。隔离观察时间的长短，根据该种传染病的潜伏期长短而定，经一定时间不发病者，可取消其限制。

二、病畜禽

包括有典型症状或类似症状，或其他特殊检查阳性的畜禽。它们是危险性最大的传染源，应选择不易散播病原体、消毒处理方便的场所或房舍进行隔离。如病畜禽数目较多，可集中隔离在原来的畜禽舍里。特别注意严密消毒，加强卫生和护理工作，须有专人看管和及时进行治疗。隔离场所禁止闲杂人畜出入和接近。工作人员出入应遵守消毒制度，隔离区内的用具、饲料、粪便等，未经彻底消毒处理不得运出；没有治疗价值的畜禽，由兽医根据国家有关规定进行严密处理。

三、假定健康畜禽

除上述两类外，疫区内其他易感畜禽都属于此类。应与上述两类严格隔离饲养，加强防疫消毒和相应的保护措施，立即进行紧急免疫接种，必要时可根据实际情况分散喂养或转移至偏僻牧地。

第三节　封锁

当暴发某些重要传染病时，除严格隔离病畜禽之外，还应采取划区封锁的措施，以防止疫病向安全区散播和健康畜禽误入疫区而被传染。

一、封锁的疫点应采取的措施

一是严禁人、畜禽、车辆出入和畜禽产品及可能污染的物品运出。在特殊情况下人员必须出入时，需经有关兽医人员许可，经严格消毒后出入。

二是对病死畜禽及其同群畜禽，县级以上农牧部门有权进行扑杀、销毁或无害化处理等措施，畜禽主不得拒绝。

三是疫点出入口必须有消毒设施，疫点内用具、圈舍、场地必须进行严格消毒，疫点内的畜禽粪便、垫草、受污染的草料必须在兽医人员监督指导下进行无害化处理。

二、封锁的疫区应采取的措施

一是交通要道必须建立临时性检疫消毒卡，备有专人和消毒设备，监视畜禽及其产品移动，对出入人员、车辆进行消毒。

二是停止集市贸易和疫区内畜禽及其产品的采购。

三是未污染的畜禽产品必须运出疫区时，需经县级以上农牧部门批准，在兽医防疫人员监督指导下，经外包装消毒后运出。

四是非疫点的易感畜禽，必须进行检疫或预防注射。农村城镇饲养及牧区畜禽与放牧水禽必须在指定疫区放牧，役畜限制在疫区内使役。

三、受威胁区应采取的主要措施

疫区周围地区为受威胁区，其范围应根据疾病的性质，疫区周围的山川、河流、草场、交通等具体情况而定。受威胁区应采取如下主要措施。

一是对受威胁区内的易感动物应及时进行紧急接种，以建立免疫带。

二是管好本区易感动物，禁止出入疫区，并避免饮用疫区流过来的水。

三是禁止从封锁区购买牲畜、草料和畜禽产品，如从解除封锁后不久的地区买进畜禽或其产品，应注意隔离观察，必要时对畜禽产品进行无害化处理。

四是对设于本区的屠宰场、加工厂、畜禽产品仓库进行兽医卫生监督，拒绝接受来自疫区的活畜禽及其产品。

五是解除封锁。疫区内（包括疫点）最后一头病畜禽扑杀或痊愈后，经过该病一个潜伏期以上的检测、观察，未再出现病畜禽时，经彻底消毒清扫，由县级以上农牧部门检查合格后，经原发布封锁令的政府发布解除封锁，并通报毗邻地区和有关部门。

第四节　报告疫情

动物疫病防治员发现动物染疫或疑似染疫时，应当立即向当地县（市、区）级以上兽医主管部门、动物卫生监督机构或者动物疫病预防控制机构报告，还可以向县（区）主管部门在乡镇或特定区域的派出机构报告。动物疫病防治员在报告动物疫情的同时，应当采取将染疫或疑似染疫动物与其他动物隔离，对有关场所和用具消毒，不得出售、转移该场所动物，不得抛弃死亡动物等控制措施，防止动物疫情扩散。

第六章　鸡常见疫病防治

第一节　鸡传染性支气管炎

鸡传染性支气管炎是由冠状病毒属传染性支气管炎病毒引起的鸡的一种急性、高度接触性的呼吸道和泌尿生殖道疾病。以气管啰音、咳嗽和打喷嚏为其特征。此外，幼鸡可出现流鼻液，在蛋鸡群则通常发生产蛋量下降。

一、症状

人工感染该病的潜伏期为18～36小时，自然感染该病的潜伏期长。病鸡无明显症状，常常突然发病，出现呼吸道症状，并迅速波及全群。

病鸡的支气管、鼻腔和窦中有浆液性、黏液性和干酪样渗出物，气囊可能混浊含有黄色干酪样渗出物。在大的支气管周围可见小面积的肺炎。产蛋鸡卵泡充血、出血或变形，甚至在腹腔内可见液体状的卵黄物质。

二、诊断

可取急性早期病鸡气管（黏液）、肺、肾等组织，制成10%的悬液（含青霉素、链霉素各1 000～2 000单位/毫升，置4℃代处理1小时），接种9～11日龄鸡胚尿囊，37℃培养32～36小时。

经电镜形态观察、血凝试验、动物试验和病毒中和试验鉴定病毒。

三、防治

通常采用加强饲养管理，注意鸡舍环境卫生，保持通风良好，定期进行消毒等措施有利于该病的防治。此外，主要是采取免疫接种的方法来预防该病。

1. 鸡传染性支气管炎活疫苗（IBH120）

用于健康鸡群的正常免疫接种和紧急免疫接种，以预防鸡传染性支气管炎。可采用滴鼻、点眼或饮水免疫法。滴鼻免疫，每只鸡滴鼻 1~2 滴（0.03 毫升）。饮水免疫剂量加倍，其饮水量根据鸡龄大小而定，一般 5~10 日龄鸡每只用量 5~10 毫升；20~30 日龄鸡每只用量 10~20 毫升；成鸡每只用量 20~40 毫升。于 -15℃ 以下保存，有效期为 12 个月。

2. 鸡传染性支气管炎活疫苗（IBH52）

用于健康鸡群的加强免疫接种，以预防鸡传染性支气管炎。可采用滴鼻、点眼或饮水免疫法。滴鼻免疫，每只鸡滴鼻 1~2 滴（0.03 毫升）。饮水免疫剂量加倍，其饮水量根据鸡龄大小而定，一般 3~4 周龄鸡每只用量 10~20 毫升；成鸡每只用量 20~40 毫升。于 -15℃ 以下保存，有效期为 12 个月。

第二节　鸡传染性喉气管炎

鸡传染性喉气管炎是由鸡传染性喉气管炎病毒引起的鸡的一种急性接触性传染病，特征是病鸡呈现呼吸困难和咳出血性渗出物。喉部和气管黏膜肿胀、出血并形成糜烂。病初，患部细胞的胞核内有包涵体。传播快，死亡率高。

一、症状

该病的潜伏期在自然感染后6~12天，气管内感染的为2~4天。急性感染的特征性症状为流涕和湿性啰音，随后出现咳嗽和气喘。严重病例以明显的呼吸困难和咳出血样黏液为特征。病程随病变的严重程度有所不同，多数鸡在10~14天内康复。

气管和喉部组织病变为主要特征。喉部气管黏膜肿胀、出血、糜烂，并常带有黄白色纤维素性干酪样假膜。取发病后2~3天病鸡的气管上皮作涂片，用吉姆萨染色，可见喉气管黏膜上皮细胞内有典型的核内嗜酸性包涵体。

二、诊断

依据流行病学、临诊症状和病理变化，一般可作出初步诊断。当症状不典型，难以与其他疾病相区别时，可做实验检查。

（一）病毒的分离

以病鸡的气管分泌物或组织悬液作为接种材料。

1. 鸡

接种在气管内或气囊内。如有该病病毒存在时，接种后1~3天出现呼吸道症状，2~5天出现典型的喉头和气管病变。

2. 鸡胚

鸡胚的尿囊膜有高度的感受性，可以形成明显的病斑，可见到核内包涵体团块。

3. 细胞培养

在鸡或鸡胚肾细胞上能良好增殖。感染细胞由于融合性变化而形成合胞体，所以形成明显的细胞病变，合胞体内可见到核内包涵体。

（二）荧光抗体法

本法是一种快速而特异性高的检出病毒抗原的诊断方法。把

发生病变的喉头和气管黏膜组织制作冰冻切片或涂抹标本进行检查。在感染后 2~5 日出现包涵体的最盛期，上皮细胞内可看到大量病毒存在。

三、防治

常用的是鸡传染性喉气管炎活疫苗，系鸡传染性喉气管炎病毒 K317 株接种 SPF（无特定病原体）鸡胚培养，收获感染的鸡胚液，加适当稳定剂，经冷冻真空干燥制成。用于预防鸡传染性喉气管炎，适用于 5 周龄以上鸡。免疫持续期为 6 个月。采用滴眼法接种疫苗，每只鸡滴眼 1~2 滴（0.03 毫升）。蛋鸡须在 5 周龄经第一次接种后，在产蛋前再接种 1 次。于 −15℃ 以下保存，有效期为 12 个月。

该病的传播主要在鸡之间水平传播，所以必须做到引鸡时严格隔离检疫，平时做好防疫消毒、卫生管理等工作。一旦有病毒侵入养鸡场，如果不注意可导致该病长期存在。因为发病的鸡耐过后，还有相当数量的带毒鸡可长期持续排毒，所以被该病感染的鸡群应迅速处理，禁止轻易移动鸡只，并对污染鸡舍、用具等彻底消毒，1 个月后方可引入鸡只。

对该病尚无有效的治疗药物，只能对症治疗。在该病流行时，用高免血清作紧急接种。

第三节　鸡毒支原体

鸡毒支原体是由鸡毒支原体感染引起鸡的呼吸道症状为主的慢性呼吸道病，其特征为咳嗽、流鼻液、呼吸道啰音和张口呼吸。疾病发展缓慢，病程长，成年鸡多为隐性感染，可在鸡群长期存在和蔓延。该病分布于世界各国，也是危害养鸡业的重要

传染病之一。

一、症状

人工感染该病的潜伏期为 4~21 天。幼龄鸡发病，症状比较典型，表现为浆液或浆液黏液性鼻液，鼻孔堵塞、频频摇头、喷嚏、咳嗽，还见有窦炎、结膜炎和气囊炎。当炎症蔓延下部呼吸道时，则喘气和咳嗽更为显著，呼吸道有啰音。病鸡食欲不振，生长停滞。后期因鼻腔和眶下窦中蓄积渗出物则引起眼睑肿胀，症状消失后，发育受到不同程度的抑制。成年鸡很少死亡。幼鸡如无并发症，病死率也低。

产蛋鸡感染后，只表现产蛋量下降和孵化率低，孵出的雏鸡生活力降低。

火鸡感染火鸡支原体时，常呈窦炎、鼻侧的窦部出现肿胀，有的病例不出现窦炎，但呼吸道症状显著，病程可延长数周至数月。雏火鸡有气囊炎。滑液膜支原体引起鸡和火鸡发生急性或慢性的关节滑液膜炎，腱滑液膜炎或滑液囊炎。

单纯感染鸡毒支原体的病例，可见鼻道、气管、支气管和气囊内含有混浊的黏稠渗出物。气囊炎以致气囊壁变厚和混浊，严重者有干酪样渗出物。

自然感染的病例多为混合感染，可见呼吸道黏膜水肿，充血、肥厚。窦腔内充满黏液和干酪样渗出物。有时波及肺和气囊，如有大肠杆菌混合感染时，可见纤维素性肝被膜炎和心包炎。火鸡常见有明显的窦炎。

二、诊断

根据流行病学、症状和病变，可作出初步诊断，但进一步确诊须进行病原分离鉴定和血清学检查。

作病原分离时，可取气管或气囊的渗出物制成悬液，直接接种支原体肉汤或琼脂培养基；血清学方法主要用于以血清平板凝集试验最常用，其他还有血凝抑制试验和酶联免疫吸附试验。

鸡毒支原体病与鸡传染性支气管炎、传染性喉气管炎、传染性鼻炎、曲霉菌病等呼吸道传染病极易混淆，应注意鉴别。

三、防治

控制鸡毒支原体感染的疫苗有灭活疫苗和活疫苗两大类。灭活疫苗为油乳剂，可用于幼龄鸡和产蛋鸡。活疫苗主要源于 F 株和温度敏感突变种 S6 株。

1. 鸡支原体弱毒活疫苗（MG）

系用鸡支原体弱毒株抗原加适当稳定剂，经冷冻真空干燥制成。该苗适用于 5 周龄以上健康鸡群的免疫接种，以预防 MG 临床症状的发生。可采用滴眼、喷雾法免疫。滴眼每只鸡滴眼 1～2 滴（0.03 毫升）。喷雾免疫，剂量加倍。喷雾器距离鸡高度控制在 30～40 厘米。本疫苗不能与其他活毒疫苗同时免疫，最少间隔 1 周以上。免疫前后 1 周不能给鸡群使用抗菌药物，特别是青霉素、土霉素和磺胺。疫苗稀释后，应置放于冷暗处，须在 1～2 小时内用完。于 -15℃以下保存，有效期为 12 个月。

2. 鸡毒支原体活疫苗

系用鸡毒支原体（弱毒 F 株）接种适宜培养基培养，收获培养物，加适当稳定剂，经冷冻真空干燥制成。用于预防鸡毒支原体引起的禽类慢性呼吸道疾病。可用于 1 日龄鸡。免疫期为 9 个月。滴眼接种。接种前 2～4 日、接种后 20 日内应停止鸡毒支原体病的治疗药放。不要与鸡新城疫、鸡传染性支气管炎活疫苗同时免疫，最少间隔 5 日。用过的疫苗瓶、器具和未用完的疫苗等应进行消毒处理。于 -15℃下保存，有效期为 12 个月；于 2～

8℃保存，有效期为6个月。

平时加强饲养管理，消除引起鸡抵抗力下降的一切因素。感染该病的鸡多为带菌者，很难根除病原，故必须建立无支原体病的种鸡群。在引种时，必须从无该病鸡场购买。

发生该病时，按《中华人民共和国动物防疫法》规定，采取严格控制，扑灭措施，防止扩散。病鸡隔离、治疗或扑杀，病死鸡应深埋或焚烧。种蛋必须严格消毒和处理，减少蛋的带菌率。

一些抗生素对该病有一定的疗效。目前认为泰乐菌素、链霉素和红霉素对该病有一定的疗效。用抗生素治疗该病可于停药后复发。因此，应考虑几种药轮换使用。

第四节　传染性法氏囊病

传染性法氏囊病也称"甘保罗病"或"传染性腔上囊病"，是鸡的一种高度接触性、传染性、全身性、急性病毒性传染病。主要侵害雏鸡和幼年鸡。主要特征为发病率高，表现为肠炎、腔上囊（法氏囊）肿大、出血和坏死，引起雏鸡的免疫抑制，对很多种疫苗的免疫接种反应能力降低。

一、症状

在易感鸡群中，该病往往突然发生，该病的潜伏期短，感染后2~3天出现临床症状，早期症状之一是鸡啄自己的泄殖腔。发病后，病鸡下痢，排浅白色或淡绿色稀粪，腹泻物中常含有尿酸盐。随着病程的发展，饮、食欲减退，并逐渐消瘦、畏寒，颈部躯干震颤，步态不稳，行走摇摆，体温正常或在疾病末期体仍低于正常体温，精神委顿，头下垂，眼睑闭合，眼窝凹陷，羽毛无光泽（蓬松脱水）最终极度衰竭而死。5~7天时该病死亡率达到高峰，之后开始下降。病程一般为5~7天，长的可达21天。

该病明显的发病特点是突然发生、感染率高、尖峰死亡曲线、迅速康复。但一度流行后常呈隐性感染，在鸡群中可长期存在。

死于感染的鸡呈现脱水、胸肌发暗，股部和胸肌常有出血斑点，肠道内黏液增加，肾脏肿大、苍白，小叶灰白色，有尿酸盐沉积。

二、诊断

根据该病的流行病学、临床特征（迅速发病、高发病率、有明显的尖峰死亡曲线和迅速康复）和肉眼病理变化可作出初步诊断，确诊仍需进行实验室检验。

采集具有典型病变的法氏囊和脾脏，用加有抗生素胰蛋白磷酸缓冲液制备成20%的匀浆悬浮液，悬浮液以1 500转/分钟离心20分钟，收集上清液，于-20℃以下冰冻贮存，实验室分离病毒。

血清学试验除做琼脂免疫扩散试验外，微量血清中和试验也是诊断该病的特异性的有效方法。

三、防治

1. 鸡传染性法氏囊病灭活疫苗

系用传染性法氏囊病毒HQ株接种鸡胚成纤维细胞培养物，经甲醛灭活，加矿物油佐剂乳化，混合制成。用于预防鸡传染性法氏囊病。免疫期限为4个月。开产前1个月左右的种鸡，颈部皮下或肌内注射，每只0.5毫升。本疫苗可用于健康鸡，体质瘦弱、患其他病者不能使用。于 20℃以下保存，有效期 6 个月。

2. 鸡传染性法氏囊病中等毒力活疫苗（IBNB87）

系用传染性法氏囊病中等毒力株 B87 株接种 SPF 鸡胚或鸡胚成纤维细胞培养物，加适当稳定剂，经真空干燥制成。用于各品种健康雏鸡群的正常免疫，以预防鸡传染性法氏囊病。滴眼、点嘴免疫，每只鸡滴眼、点嘴 1~2 滴（0.03 毫升）。饮水免疫，剂量加倍。于-15℃以下保存，有效期 8 个月。

第五节　马立克氏病

马立克氏病是由马立克病毒引起鸡的一种淋巴组织增生性疾病。以病鸡的外周神经、性腺、虹膜、各种内脏器官、肌肉和皮肤发生单核细胞浸润，形成淋巴肿瘤为特征。

鸡感染马立克氏病后死亡率高，产蛋率下降，免疫抑制及进行性衰弱，是鸡的重要传染病之一。

一、症状

在自然条件下，该病的潜伏期不定。根据发病部位和临床症状，可分为神经型（古典型）、内脏型（急性型）、眼型和皮肤型。

1. 神经型

主要侵害外周神经。侵害坐骨神经时，常见一侧较另一侧严重；发生不全麻痹，步态不稳，以后，完全麻痹，不能行走，且病鸡蹲伏地上，一只腿伸向前方，另一只腿伸向后方，呈剪叉状。臂神经受侵害时，被侵侧翅膀下垂。支配颈部肌肉的神经受侵害时，病鸡发生头下垂或头颈歪斜。迷走神经受侵害时可以引起失声、嗉囊扩张及呼吸困难。腹神经受侵害时，常有拉稀症

状。病鸡常因采食困难、饥饿、脱水、消瘦、衰弱而死亡。

2. 内脏型

常侵害幼龄鸡，死亡率高，主要表现为精神委顿，不食，突然死亡。

3. 眼型

可侵害一只眼或双眼，丧失视力，虹膜的正常色素消失。呈现同心环状或斑点状以至弥漫的灰白色。瞳孔边缘不整齐。严重时，瞳孔只留下针头大的一个小孔。

4. 皮肤型

在腿、颈、躯干和背部的羽翼形成小结节或瘤状物。

肉眼可见受侵害神经粗肿，常发生的病变是腹腔神经丛、臂神经丛、坐骨神经丛及内脏大神经等比正常粗 2~3 倍，呈灰白色或黄色水肿，横纹消失。有病损的神经多数是一侧性的。内脏病变的表现为形成淋巴性肿瘤或弥漫性肿大，多见于卵巢、肾、肝、脾、心、肺、肠系膜以及骨骼肌和皮肤等处。腔上囊一般萎缩，有时也呈弥漫性肿大。

二、诊断

该病主要依据典型临床症状和病理变化可作出初步诊断，确诊需进一步做实验室诊断。

1. 病原分离与鉴定

采血分离白细胞在接种敏感细胞后几天内会出现特征性的蚀斑。放射性沉淀试验（检测感染鸡羽髓）、聚合酶链反应试验。

2. 血清学检查

检测感染组织中病毒原和血清中特异抗体的方法很多，常用的是琼脂扩散试验、直接或间接荧光试验、中和试验、酶联免疫吸附试验。

病料采集：用于分离病毒的材料可以是从抗凝血中分离的白细胞，也可是淋巴瘤细胞或脾细胞悬液。也可采用羽髓作为马立克氏病诊断和分离的材料。

三、防治

根据该病感染的原因，应将孵化场或孵化室远离鸡舍，定期严格消毒，防止出壳时早期感染。育雏期间的早期感染也是暴发该病的重要原因。因此，育雏室也应远离鸡舍，放入雏鸡前应彻底清扫和消毒。肉鸡群应采取全进全出的饲养方式，每批鸡出售后应空舍 7~10 天，彻底清洗和消毒鸡舍后再饲养下一批鸡。

马立克疫苗在控制该病中起关键作用，应按免疫程序预防接种马立克疫苗，防止疫病发生。发生该病时，应按《中华人民共和国动物防疫法》规定，采取严格控制、扑灭措施，防止疫情扩散。病鸡和同群鸡应全部扑杀并进行无害化处理。对被污染的场地、鸡舍、用具和粪便等要进行严格消毒。

第六节　新城疫

新城疫又称亚洲鸡瘟，是由禽副流感病毒型新城疫病毒引起的一种主要侵害鸡、火鸡、野禽及观赏鸟类的高度接触传染性、致死性疾病。家禽发病后的主要特征是呼吸困难，下痢，伴有神经症状，成鸡严重产蛋下降，黏膜和浆膜出血，感染率和致死率高。

一、诊断

当鸡群突然采食量下降，出现呼吸道症状和拉绿色稀粪，成年鸡产蛋量明显下降，应首先考虑新城疫的可能性。通过对鸡群的仔细观察，发现呼吸道、消化道的表现症状，结合尽可能多的临床病理学剖检，如见到以消化道黏膜出血、坏死和溃疡为特征的示病性病理变化，可初步诊断为新城疫。确诊要进行病毒分离和鉴定。也可通过血清学诊断来判定。例如病毒中和试验、免疫荧光、琼脂双扩散试验、神经氨酸酶抑制试验等。迄今为止，血凝抑制试验（HI）仍不失为一种快速、准确的传统实验室手段。分离到的鸡胚毒或细胞培养毒如红细胞凝集试验呈阳性，再用已知抗鸡新城疫血清进行血凝抑制试验，若血球凝集被抑制，即可确诊为鸡新城疫病毒。

二、防治

预防鸡新城疫的疫苗如下。

1. 鸡新城疫活疫苗（Ⅰ系）

专供已经用鸡新城疫低毒力活疫苗免疫过的 2 周龄以上的鸡使用，免疫期为 12 个月。皮下或胸肌注射 1 毫升，点眼为0.05~0.1 毫升，也可刺种和饮水免疫。于-15℃以下保存，有效期为 24 个月。

2. 鸡新城疫低毒力活疫苗（Ⅱ系）

各种日龄的鸡均可使用。滴鼻或点眼免疫，每只用量为0.05 毫升。饮水或喷雾时免疫剂量应加倍。于-15℃以下保存，有效期为 24 个月。

3. 鸡新城疫低毒力活疫苗

各种日龄的鸡均可使用。滴鼻或点眼免疫，每只为 0.03 毫升。饮水或喷雾免疫剂量加倍。于-15℃以下保存，有效期为 24个月。

第七章　猪常见疫病防治

第一节　猪瘟

猪瘟是由猪瘟病毒引起的一种急性、热性、烈性传染病，以持续高热、高度沉郁、化脓性结膜炎、皮肤小点出血为特征，表现为最急性型、急性型、亚急性型、慢性型、非典型、温和型、迟发型或不显症状的病程。急性猪疸由猪瘟强毒引起，死亡率高，而弱毒感染则可能不被察觉。

一、症状

典型猪瘟潜伏期短的为 2 天，一般 5~10 天，最长可达 21 天或转为慢性型，常并发链球菌病、附红细胞体病、蓝耳病、圆环病毒病、巴氏杆菌、副伤寒、流行性感冒等。

1. 最急性型（败血型）

病猪体温高达 41℃ 以上，稽留热 1 至数天死亡，可视黏膜和腹部皮肤有针尖大密发出血点，病程 1~4 天，多突然发病死亡。

2. 急性型（败血型）

病猪初期眼结膜潮红有大量黏液，后期转化为脓性分泌物呈褐色而粘着两眼；初期便秘而后拉稀，便秘与拉稀交替进行，干粪球附有带血的黏液或伪膜，有的发生呕吐。病猪体温升高至 41℃ 以上稽留不退，畏寒怕冷。随病情的发展有的猪出现站立不稳，后肢麻痹。皮肤由病初的充血到后期的紫绀或出血坏死变化，以腹下、鼻端、耳和四肢内侧等部位最常见。在猪包皮内积有尿液，排尿时流出异臭混浊有沉淀物尿液。大多数猪在感染后10~20天死亡，病程7~21天。

3. 亚急性型和慢性型

症状与急性型相似，体温先升高后下降，然后又可升高，直到死亡。病程长达21~30天，皮肤有明显的出血点，耳、腹下、四肢、会阴等可见陈旧性出血点或新旧交替出血点，仔细观察可见扁桃体肿胀溃疡，舌、唇、齿结膜有时也可见到。病猪日渐消瘦衰竭，行走摇晃，后躯无力，站立困难，转归死亡。有的病猪生长缓慢（僵猪），可存活100天以上。

4. 迟发型

猪瘟母猪体内猪瘟抗体滴度过低时，由低毒株感染妊娠母猪引起，起初常不被发觉。

（1）怀孕早期感染。胚胎死亡而被吸收或被排出；发生子宫炎症如恶露不尽等。

（2）怀孕中期感染。产下弱仔，出生后出现先天性震颤，病猪可终生带毒形成持续感染，具有免疫耐性，抗体水平低。这种猪留种后患无穷。

二、诊断

该病易与猪链球菌、猪肺疫、仔猪副伤寒、猪弓形虫病及附红细胞体病混淆。应结合流行情况、症状、病变情况综合判断。

三、防治

立即隔离消毒（0.5%双链季铵络合碘消毒液或2%烧碱溶液有效）。

对贵重种猪可注射高免血清，并用抗生素控制继发感染。

对假定健康猪用 5 头份猪瘟弱毒苗进行紧急预防接种；病猪用 10 头份猪瘟弱毒苗进行注射。

治疗：对亚急性型和慢性型猪瘟用高效广谱抗生素配合增强抗病能力的抗病毒药物，并结合对症治疗以期能够耐过。

第二节　猪传染性胃肠炎与流行性腹泻

猪传染性胃肠炎与流行性腹泻都因病毒引起，以呕吐、腹泻、脱水为特征；都多发于冬季，因此，很难从临床症状上区别开，习惯上将二者合称为"冬季拉稀病"或"雪风灌肠"。病猪体温正常或稍高，各种猪都易发，但大猪死亡率低，小猪主要因为脱水死亡。

一、症状

1. 传染性胃肠炎

仔猪突然发病，传播迅速，数日内可蔓延全群，首先呕吐，继而发生频繁水样腹泻，粪便呈黄色、绿色或白色，常夹有未消化的凝乳块。其特征是含有大量电解质、水分和脂肪，呈碱性但不含有糖。病猪极度口渴，明显脱水，体重迅速减轻。病猪日龄越小，病程越长，病死率越高。

2. 猪流行性腹泻

一周龄内新生仔猪发生腹泻后 3~4 天，呈现严重脱水，死亡，死亡率高达 50%~100%。主要症状是水样腹泻，或者在腹泻之间有呕吐，呕吐多发生在吃食和吃奶后。病情轻重随日龄不同而有差异，日龄越小症状越重。病猪体温正常或稍高，精神沉郁，食欲减退或废绝。断奶猪、母猪常呈现精神委顿、厌食和持

续腹泻，并逐渐恢复正常。

剖解后见尸体脱水，小肠壁变薄，肠管扩大，小肠绒毛变短萎缩。

二、诊断

根据发病季节、流行情况、病理变化可初步判断。要确诊需实验室诊断。

三、防治措施

冬季做好保暖措施，保持舍内清洁、干燥，经常用双链季铵络合碘消毒液消毒。治疗时应采取综合治疗措施，饮水中补充2%~5%的葡萄糖或白糖及弗氏霉素可溶性粉是关键。

第三节　伪狂犬病

一、诊断

依据流行特点和临床症状，可以初步诊断。

1. 实验室检验

既简单易行又可靠的方法是运动接种试验。采取病猪脑组织，磨碎后，加生理盐水制成10%悬液，同时，每毫升加青霉素1 000单位、链霉素1 000单位，放入4℃冰箱内过夜，离心沉淀，取上清液于后腿外侧皮下注射，家兔1~2毫升，小鼠0.2~0.5毫升，家兔接种后2~3天死亡，小鼠2~10天（大部分在3~5天）死亡。死亡前，注射部位的皮肤发生剧痒。家兔、小鼠抓咬患部，以致呈现出血性皮炎，局部脱毛，皮肤破损出血。进行回顾性诊断和检疫时，可用免疫荧光试验、琼脂扩散试验、酶联免疫吸附试验和间接血凝试验等。也有人用皮肤变态反应进行检疫，此法虽简便易行，但检出率较低。

2. 类症鉴别

对有神经症状的病猪，应与链球菌性脑膜炎、水肿病、食盐中毒等区别。母猪发生流产、死产时，应与猪细小病毒病、猪繁殖与呼吸综合征、猪乙型脑炎、猪布鲁氏菌病、猪支原体病等相区别。

（1）链球菌性脑膜炎。除有神经症状外，常伴有出血症及多发性关节炎症状，白细胞数增加。用青霉素等抗生素治疗有良好效果。

（2）水肿病。多发生于离乳期。眼睑浮肿，体温不高，胃壁和肠系膜水肿。

（3）食盐中毒。有吃食盐过多的事实，体温不高，喜欢喝水，有出血性胃肠炎，无传染性。

二、防治

（一）平时预防措施

（1）自洁净猪场引进种猪，进行严格的隔离检疫 1 个月，并采血样送实验室检验。

（2）猪舍地面、墙壁、设施及用具等每周消毒 1 次，粪尿放入发酵池或沼气池处理。

（3）捕灭猪舍鼠类及野生动物等。

（4）种猪场的母猪应每 3 个月采血检查 1 次。

（二）流行时防治措施

（1）感染种猪的净化措施。根据种猪场的条件可分别采取 4 种清除措施。

①全群淘汰更新，适用于高度污染的种猪场、种猪血统并不

太昂贵者，猪舍的设备不允许采用其他方法清除该病者。

②淘汰阳性反应猪，每隔30天以血清学试验检查1次，连续检查4次以上，直至淘汰完阳性反应猪为止。

③隔离饲养阳性反应母猪所生的后裔，为保全优良血统，对阳性反应母猪的后裔，在3～4周龄断奶，分别按窝隔离饲养，至16周龄时，以血清学试验测其抗体，淘汰阳性反应猪，经30天再测其抗体。

④注射伪狂犬病油乳剂灭活苗，种猪（包括公母）每6个月注射1次，母猪于产前1个月再加强免疫1次，以后每半年注射1次。种猪场一般不宜用弱毒疫苗。

（2）发病肥育猪场的处理方法。为了减少经济损失，可采取全面免疫的方法，除发病乳猪、仔猪予以扑杀外，其余仔猪和母猪一律注射伪狂犬病弱毒疫苗（K61弱毒株）。

（3）治疗在病猪出现神经症状之前，注射高免血清或病愈猪血清，配合注射抗病毒1号注射液和镇静剂，并口服黄连解毒散有一定疗效，但是耐过猪长期携带病毒，应继续隔离饲养。

第四节　猪丹毒

猪丹毒是由猪丹毒杆菌引起的急性热性传染病。通常分急性败血型、亚急性疹块型、慢性型。多发于架子猪，大猪多呈慢性感染。

一、症状

1. 急性败血型

流行初期，一头或数头猪在不表现症状的情况下突然死亡。其他猪相继发病。体温高达42～43℃，持续高热，卧地不吃，有时呕吐。眼结膜充血。粪便干硬，附着黏液，有的也下痢，严重的呼吸增快，黏膜发绀。部分猪皮肤潮红，继而发紫，以耳根、颈下、背部较多见。

2. 亚急性疹块型

出现疹块是其特征。少食、口渴、便秘，有时呕吐，体温升高至41℃以上。通常2~3日后在胸、背、腹、肩、四肢出现稍突出于皮肤的疹块（俗称打火印）。疹块初期手压褪色，后期变蓝，压之不褪色。疹块出现后体温开始下降，病势减轻，有的康复，有的经久不愈。

3. 慢性型

主要表现为四肢关节炎性肿胀，僵硬疼痛。以后以关节变形为主，跛行。食欲正常，但生长缓慢。

鼻、唇、耳及腿内侧皮肤及可视黏膜呈不同程度的紫红色。全身淋巴结肿大。肾充血、出血，肝充血，脾呈樱桃红色。消化道炎症，尤其是胃底及幽门部。

二、诊断

皮肤疹块，肾和脾的特征性病变。结合细菌镜检（耳静脉血或疹块边缘血抹片，革兰氏染色呈阳性，细小杆状）。

三、防治

实施严格、科学的饲养管理制度，执行严密的防疫措施和消毒计划。双链季铵络合碘消毒液能很快杀灭该细菌。发病后采取综合治疗措施：食欲废绝的病畜先注射维生素 B_1 注射液，则很快开口吃饲料，再口服消食平胃散；呼吸症状严重的配合氨茶碱注射液并口服麻杏石甘散，泻痢严重的配合硫酸小檗碱并口服弗氏霉素可溶性粉；便秘的病猪给予适当的通便药物，如人工盐或

增大消食平胃散的用量，注射用药时配合维生素 C。

第五节 猪肺疫

本菌广泛存在于动物群中，一般在发病前已经带菌。卫生状况差、阴雨、潮湿、闷热、寒冷、气候突变、运输、拥挤、通风不良、营养不良、寄生虫等不良因素可诱发该病。

一、症状

一般分为最急性型、急性型、慢性型几种。

1. 最急性型

俗称"锁喉风"。突然发病，迅速死亡。病程稍长、症状明显的可表现体温上升（41~42℃），心跳加快，咽喉部发热、红肿、坚硬，常呈犬坐势，头颈伸长，呼吸极度困难。有时发出喘鸣声，口鼻流出泡沫，可视黏膜发绀。

2. 急性型

最为常见的一种类型。体温上升（40~41℃）。初发痉挛性干咳、呼吸困难、鼻流黏液，有时夹杂有血液，后变为湿咳，触诊胸部剧烈疼痛，犬坐势喘息，可视黏膜蓝紫色。初便秘后腹泻。病程 5~8 天，多因窒息而死亡。

3. 慢性型

多表现为慢性肺炎和慢性肠炎。有时持续咳嗽与呼吸困难。鼻流少许黏性分泌物。食欲不振，常有泻痢。病程约 2 周。

以咽喉部及周围结缔组织出血性浆液浸润为特征。颈部皮下有胶胨样淡黄或灰青色纤维性浆液，水肿从颈部蔓延至前肢。肺发生肝样变化，切面呈大理石纹，胸与肺粘连，胸腔及心包积液，慢性者肺内有干酪样物质，肋膜肥厚与肺粘连。

二、诊断

咽喉及颈部红肿热痛，呼吸困难，鼻喷泡沫，甚至血沫，呈犬坐势喘息，剖解见胸腔有纤维性渗出物。急性型易与传染性胸膜肺炎混淆，慢性型与气喘病不易区别，须仔细辨别或借助实验室诊断。

三、防治

病猪与健康猪隔离，实施严格的科学饲养管理制度，执行严密的防疫措施和消毒计划。为了饲养高健康状态的猪群，一个较新的方法就是把仔猪分离与早期断奶相结合。治疗时，对食欲废绝的病畜先注射维生素 B_1，则患畜很快开口吃饲料，再配合口服消食平胃散。

第六节　猪链球菌病

一、症状

1. 急性败血型

有的突然死亡，症状稍缓的可见体温升高（41～43℃）、震颤、废食、便秘、发绀、浆液性鼻漏、眼结膜潮红、流泪，耳、颈、腹下出现紫斑，关节炎、空嚼、昏睡，后期呼吸极度困难，死前天然孔出血，一般 1～3 天死亡。此种类型不多见，但危害大。

2. 脑膜脑炎型

病初体温升高（40.5～42.5℃）、废食，便秘，浆液性鼻漏，很快出现神经症状、共济失调转圈、空嚼，继而后肢麻痹，前肢爬行，四肢呈游泳状或角弓反张和僵直性痉挛直至昏迷，几小时或 1~2 天死亡。病程达 3~5 天者，有部分小猪背部、头、颈等部位出现水肿。同时，有的出现关节炎。此型用抗生素治疗后脑膜炎症状不会很快完全消失，只能逐渐恢复。

3. 亚急性和慢性型

常出现关节炎、心内膜炎、化脓性淋巴结炎、脓肿、子宫炎（流产）、包皮炎、乳房炎、咽喉炎、皮炎。呈散发性或地方流行性。其特点是病程稍长（十几天至 1 个多月），症状比较缓和。

二、防治

平时注意饲养管理和消毒，发病后隔离病畜，并按以下方法处治：治疗时对食欲废绝的病畜先注射维生素 B_1，则很快开口吃饲料，再配合口服消食平胃散。

第七节　猪支原体性肺炎

猪支原体性肺炎常称为气喘病，是猪肺炎支原体引起的高度接触性呼吸道传染病，分布于世界各地，不同日龄、性别和品种的猪均能感染。该病在全世界均有发生，集约化养猪场的发病率高。病变的特征是融合性支气管肺炎，于尖叶、心叶、中间叶和膈叶前缘呈"肉样"或"虾肉样"实变，临诊特征主要是咳嗽与喘气。患猪长期生长发育不良，饲料转化率低。

一、诊断

伴有或不伴有继发性细菌侵入的猪气喘病是猪的最常见的呼吸道感染性疾病，急性感染易与猪流行性感冒混淆。猪流行性感冒以病程短为特征，喷嚏和肌肉疼痛明显；猪气喘病病程长，以咳嗽为特征。猪流行性感冒是季节性疾病，秋冬季常流行；猪流行性肺炎无特定季节性发病，一年四季都发生。为作准确诊断，必须从病料中分离到致病性支原体。

二、防治

净化场地、建立健康猪群是预防该病的关键。用双链季铵络合㧟消毒液对净化场地预防该病有良好作用。治疗时，对食欲废绝的病畜先注射维生素 B_1，则很快开口吃饲料，再配合口服消食平胃散。

第八节　猪接触传染性胸膜肺炎

猪接触传染性胸膜肺炎的病原为胸膜肺炎放线杆菌。主要发生于断奶猪，易继发其他疾病而增高致死率。拥挤、气温骤变、湿度高、通风不良、饲料霉变等因素可促进该病的发生和传播。

一、症状

该病可分为最急性型、急性型和慢性型。

1. 最急性型

突然病重，体温升至 41.5℃，食欲废绝，有短期下痢和呕吐现象。卧地不起，初期无明显呼吸症状，但心跳加快，发生血液循环障碍，鼻、耳、腿、体侧皮肤发绀。最后阶段严重呼吸困难，张口呼吸，呈犬坐势。死前口鼻流出大量带血色的泡沫样液体，发病后 24~26 小时死亡。

2. 急性型

体温升高，精神差，拒食。呼吸困难、咳嗽、张口呼吸。病程视肺部损害程度和治疗方案是否恰当而定。

3. 慢性型

发生在急性炎症消失后，不发热，有不同程度的间歇性咳嗽，食欲不振。症状可因呼吸道其他病菌感染而加重。

二、诊断

慢性型注意同其他呼吸道传染病区别。纤维素性胸膜炎是该病的病理特征。

三、防治

病猪与健康猪隔离，实施严格的科学饲养管理制度，执行严密的防疫措施和消毒计划。该病病原易产生耐药性，应早期选用敏感抗菌药物，如氟喹诺酮类、氟苯尼考、庆大霉素、多西环素、土霉素、复方磺胺类、壮观霉素、氯林可霉素、林可霉素、利高霉素等，大剂量多次重复给药。受威胁的未发病猪可用氟苯尼考粉+麻杏石甘散作预防。治疗时，采用综合治疗和对症治疗相结合的办法，对食欲废绝的病畜先注射维生素 B_1，则很快开口吃饲料，再配合口服；体温升高持续不降时，配合注射双氯芬酸钠注射液或庆大-小诺霉素注射液或恩诺沙星注射液。

第九节　猪传染性萎缩性鼻炎

猪传染性萎缩性鼻炎是猪的一种慢性接触性传染病，以鼻炎、鼻梁变形、鼻甲骨萎缩和生长缓慢为特征。在多种应激因素作用下致病。几乎所有的养猪业发达地区都有该病发生。

一、症状

表现为鼻炎、喷嚏、流涕和吸气困难。由于鼻泪管阻塞而流泪，眼角出现黑色泪斑。鼻外观短缩，鼻盘正后部形成较深的皱褶。有的鼻歪向一侧；两眼宽度变小，头部轮廓变形。体温一般正常，生长停滞。

二、诊断

可依据频繁喷嚏、吸气困难、鼻黏膜发炎、鼻面部变形、生长停滞以及鼻腔病变作出初步诊断。有条件的可用鼻腔镜观察鼻腔。

三、防治

治疗效果不理想且药价昂贵，有预防价值，口服盐酸环丙沙星可溶性粉和黄连解毒散，对该病有良效。

也可注射磺胺间甲氧嘧啶钠或长效土霉素注射液或氟苯尼考注射液，口服并注射效果更好。

第十节　猪附红细胞体病

猪附红细胞体病是由寄生在猪红细胞上（或游离在血浆中）的立克次氏体-猪附红细胞体引起。临床特征是急性黄疸性贫血和发热。

一、症状

1. 急性期

皮肤苍白，高热达 42℃，有时有黄疸，四肢特别是耳郭边缘发绀。厌食、反应迟钝、消化不良等症状是否出现取决于贫血的严重性。

2. 慢性期

猪只消瘦，苍白，时有出现荨麻疹型或病斑型皮肤变态反

应，如四肢末梢、耳尖、腹下出现大面积的紫红斑块。

二、诊断

从贫血、反应迟钝、发热、黄疸、耳郭边缘变色、荨麻疹、皮肤变态反应等临床症状可作初步诊断。急性发热期，取血样作血涂片（制片前必须将血液加温至38℃，否则，红细胞易凝集，影响观察），在红细胞表面可见卵圆形到圆形的环形附红细胞单体，或完全将细胞包围的链状附红细胞体即可确诊。

三、防治

由于康复猪也不能获得足够坚强的免疫保护，应尽量消除猪群的应激因素及实施严格的饲养管理制度和消毒防疫制度，这对所有猪群都有必要。在防治该病的过程中健胃和补铁是关键，仔猪和该病慢性型猪应进行补铁，并配合注射维生素 C 及维生素 B_{12} 和口服消食平胃散。磺胺间甲氧嘧啶钠注射液、长效土霉素注射液、盐酸环丙沙星可溶性粉、黄连解毒散、氟苯尼考粉都是该病的有效防治药物。

第十一节　猪痢疾

猪痢疾系由猪痢疾密螺旋体感染所引起的以肠道出血性下痢为特征的疾病，曾称为血痢。小猪的发病率与死亡率均高于大猪。流行无季节性，流行经过较缓，持续时间长且可反复发病。

一、症状

1. 急性型

精神、食欲差；粪便变软，表面附有条状黏液。以后迅速下痢，粪便呈黄色，柔软或水样，同时，体温稍升高。体温升高维持数天后下降，死前降低至常温以下。随病情的发展情况继续恶化，粪便恶臭且血液、黏液和坏死上皮组织增加。

2. 亚急性和慢性型

下痢，黏液及坏死上皮组织较多而血液较少，病程较长。

二、诊断

以大肠黏膜卡他出血性炎症为特征。粪便中血液颜色较鲜红。

三、防治

圈舍清理消毒，粪便妥善处理。

治疗该病的特效处方为：注射硫酸小檗碱或穿心莲或鱼腥草注射液；同时，口服弗氏霉素可溶性粉或盐酸环丙沙星可溶性粉（每千克体重 0.2~0.4 克）+黄连解毒散，每天 1~2 次，连用 2 天即可治愈。

第八章　牛羊常见疫病防治

第一节　牛流行热

感染该病的大部分病牛经 2~3 天即恢复正常，故又称三日热或暂时热。该病病势迅猛，但多为良性经过，过去曾将该病误认为是流行性感冒。该病能引起牛大群发病，明显降低乳牛的产乳量。

一、症状

潜伏期 2~10 天。常突然发病，很快波及全群。体温升高到40.9℃以上，持续 2~3 天。病牛精神委顿，鼻镜干而热，反刍停止，乳产量急剧下降。全身肌肉震颤，四肢关节疼痛，步态僵硬不稳，跛行，故又名"僵直病"。高热时，病牛呼吸促迫，呼吸数每分钟可达 80 次以上，肺部听诊肺泡音高亢，支气管音急促。眼结膜充血、流泪、流鼻涕、流涎，口边粘有泡沫。发热时，病牛尿量减少，孕牛患病时可发生流产。病程一般为 2~5天，有时可达 1 周，大部分为良性经过，多能自愈。

二、防治

在流行季节到来之前，应用牛流行热亚单位疫苗或灭活疫苗预防注射，均有较好的效果。两次免疫接种间隔 3 周，注射疫苗后对部分牛有局部接种反应和少数牛有一过性反应，奶牛注射疫苗后 3~5 天奶产量会有轻微的下降。对于假定健康牛及附近受威胁地区牛群，还可用高免血清进行紧急预防接种。

第二节　牛病毒性腹泻

一、症状

潜伏期 7~10 天，急性病牛突然发病，体温高达 40~42℃，呈双相热。2~3 天后口腔黏膜表面糜烂，舌上皮坏死、溃疡，流涎，呼气恶臭。继而严重腹泻，初呈水样，后含黏液、纤维素性伪膜和血液。有的病牛发生蹄叶炎和趾间皮肤糜烂而出现跛行。有的在发热的同时呈现出血、血样腹泻和注射部位异常出血等症状。慢性病例以持续性或间歇性腹泻和口腔黏膜溃疡为特征，慢性蹄叶炎和严重的趾间坏死，局部脱毛和表皮角化。妊娠牛发病，表现为流产或犊牛先天性缺陷，患犊因小脑发育不全呈现轻重不同的共济失调。

二、诊断

主要是口腔、食道和胃黏膜水肿及糜烂。其特征性病变为食管黏膜糜烂，皱胃幽门出血、水肿、溃疡或坏死，卡他性、出血性或溃疡性炎症。

三、防治

1. 引种时

必须严格检疫，防止病毒带入。一旦发病，及时隔离或急宰，严格消毒，限制牛群活动，防止疫情传播扩大。

2. 预防接种

可用牛病毒性腹泻弱毒疫苗预防接种。

第三节　牛口蹄疫

牛口蹄疫病俗名"口疮"，是由口蹄疫病毒引起的偶蹄动物的一种急性、热性、高度接触性传染病。其特征为口腔黏膜、蹄部和乳房皮肤发生水疱、烂斑。

一、症状

牛尤其是犊牛最易感，骆驼、绵羊、山羊次之，猪也可感染发病。该病具有流行快、传播广、发病急、危害大等流行病学特点，疫区发病率可达 50%~100%，犊牛死亡率较高，其他则较低，病畜和潜伏期动物是最危险的传染源。病畜的水疱液、乳汁、尿液、口涎、泪液和粪便中均含有病毒。该病入侵途径主要是呼吸道，消化道也可传染。传播虽无明显的季节性，但冬春季节发病多。

二、诊断

该病潜伏期 1~7 天，平均 2~4 天，牛精神沉郁，闭口，流涎，开口时有吸吮声，体温可升高到 40~41℃。发病 1~2 天，病牛齿龈、舌面、唇内面可见到蚕豆到核桃大的水疱，涎液增多并呈白色泡沫状挂于嘴边。采食及反刍停止。水疱约经一昼夜破裂，形成烂斑、溃疡，这时体温会逐渐降至正常。在口腔发生水疱的同时或稍后，趾间及蹄冠也出现水疱，很快破溃形成烂斑，继而病牛出现跛行，然后逐渐愈合。有时在乳头皮肤上也可见到水疱。该病一般呈良性经过，经 1 周左右即可自愈；若蹄部有病变则可延至 2~3 周或更久。死亡率 3%~5% 的称为良性口蹄疫。有些病牛在水疱愈合过程中，病情突然恶化，全身衰弱，肌肉发抖，心跳加快、节律不齐，食欲废绝，反刍停止，行走摇摆、站立不稳，往往因心脏麻痹而突然死亡，死亡率高达 25%~50%，称为恶性口蹄疫。犊牛发病时往往表现恶性口蹄疫，常看不到特征性水疱，主要表现为出血性胃肠炎和心肌炎，死亡率较高。

三、防治

一是发现疫情立即上报，确诊后，按照国家规定采取紧急措施，严格封锁疫点，禁止人畜在封锁区内流动。

二是用 A 型、O 型、亚洲 I 型二价或三价灭活苗进行免疫接种和紧急预防接种。

三是严格消毒，粪便发酵处理。畜舍、场地、用具用戊二醛癸甲溴铵溶液（方通消可灭）或聚维酮碘溶液（方通典净）以 1∶1 000 比例稀释泼洒或喷洒消毒，也可以用 1%~2% 烧碱液、10% 石灰乳喷洒消毒。

第四节　牛副流行性感冒

牛副流行性感冒是由牛副流行性感冒病毒 3 型引起的牛的一种急性呼吸道传染病。以高热、呼吸困难和咳嗽为临床特征。

一、症状

成年肉牛和奶牛最易感，犊牛在自然条件下很少发病。天气骤变、寒冷、疲劳，特别是长途运输常可促使该病流行，晚秋和冬季多发。

潜伏期 2~5 天。病牛以急性呼吸道症状为主要特征，呈现

高热，精神沉郁，厌食，咳嗽，流浆液性鼻液，呼吸困难，发出呼噜声。肺部听诊可听到湿啰音，肺实变时则肺泡音消失。有的发生乳房炎，有的发生黏液性腹泻。病程不长，可在数小时或3~4天内死亡。

二、诊断

病变限于呼吸道，呈现支气管肺炎和纤维素性胸膜炎的变化，肺组织可发生严重实变。肺泡和细支气管上皮细胞由合胞体形成，在胞浆和胞核内都能检出嗜酸性包涵体。

三、防治

（一）加强饲养管理

加强饲养管理，尽可能消除一切诱病因素，保持环境舒适。定期用稀戊二醛溶液（如方通全佳洁）（1:1 000)对圈舍、场地、工具进行彻底消毒。

（二）接种疫苗

肉牛在4月龄同时接种牛副流行性感冒病毒3型弱毒疫苗和巴氏杆菌菌苗。奶牛在6~8月龄接种，1个月后复种1次。

第五节　牛胃肠炎

牛胃肠黏膜及黏膜下组织的炎症称为胃肠炎，牛胃肠炎的临床特征为腹痛、腹泻、发热和消化机能紊乱等。

一、症状

原发性胃肠炎多因饲养不当，饲料品质粗劣、调配不合理、霉变、饮水不洁等引起。尤其当畜体衰弱、胃肠功能有障碍时，更易引起该病的发生。继发性胃肠炎多因消化不良和腹痛过程中，由于病程持久、治疗缺失、用药不当等引起胃肠血液循环及屏障机能紊乱、细菌大量繁殖、细菌毒素被吸收等发展而来。

二、诊断

病初体温升高，后保持正常。呈现消化不良，后逐渐或迅速呈现胃肠炎症状。患畜精神沉郁，食欲废绝，渴欲增加或废绝，眼结膜先潮红后黄染，舌面皱缩，舌苔黄腻，口干而臭，鼻端、四肢末梢冷凉，伴有轻度腹痛。持续腹泻，粪便成水样，臭或腥臭并混有血液或坏死组织碎片。腹泻时肠音增强，后期排便失禁或不断努责，但无粪便排出。若炎症主要侵害胃和小肠时，排粪减少，粪干色暗，混有黏液，后期才出现腹泻。小肠炎症时，继发胃扩张，导致胃流出微黄色酸臭液状内容物。

霉菌性胃肠炎病初常不易发现，病情突然加剧，呈急性胃肠炎症状，后期神经症状明显，病畜狂躁不安，盲目运动。

三、防治

加强饲养管理，注重环境卫生及疾病的预防工作。禁止饲喂腐败、冰冻、发霉饲料，精粗饲料要合理搭配和调制，饲喂要定时、定量，防止饥饱不均；防止暴饮或空腹饮大量的冰水。保证牛舍通风干燥、空气新鲜、光线充足，初生牛犊及时饲喂初乳。发现病情，及时治疗。

排除有毒物质，减轻炎性刺激，缓解自体中毒。内服液状石蜡 500~1 000毫升或植物油 500 毫升，鱼石脂 10~20 克，加水适量。也可内服硫酸钠或方通口服补液盐。

利用广谱抗生素消除胃肠道炎症，修复胃肠黏膜。

第六节　奶牛子宫内膜炎

奶牛子宫内膜炎是子宫黏膜的黏液性和脓性炎症。由于炎症所产生有毒物质可导致精子和胚胎死亡，而成为奶牛不孕的常见原因之一。

一、症状

通常是在配种、分娩及助产时，由于细菌的侵入而感染。子宫黏膜的损伤及母畜机体抵抗力降低，是促使该病发生的重要因素。此外，阴道炎、子宫颈炎、子宫弛缓、子宫脱出、胎衣不下及牛羊的布鲁氏菌病等，都可继发子宫内膜炎。

二、诊断

根据炎症过程可分为急性型和慢性型。按其性质可分为黏液性型、黏液脓性型和脓性型。

1. 急性子宫内膜炎

多发生于产后及流产后，表现为黏液性及黏液脓性。母牛体温稍高，食欲不振，弓腰，努责及排尿频繁。从生殖道排出灰白色混浊含有絮状物的分泌物或脓性分泌物。在恶露期感染时，常见红褐色的恶露混有黄白色的脓汁。患畜卧下时排出较多，子宫颈外口肿胀，充血和稍开张，常含有上述分泌物。直肠检查时子宫增大，疼痛，呈面团样硬度，有时有波动。子宫收缩减弱或消失。

2. 慢性子宫内膜炎

根据其排出的炎性分泌物的性质，可分为隐性、黏液性、黏液脓性及脓性等几种。

三、防治

（一）子宫冲洗法

用0.1%高锰酸钾或0.02%新洁尔灭、生理盐水等冲洗子宫。冲洗时，应注意小剂量反复冲洗，直至冲洗液透明，在充分排出冲洗液后，向子宫内注入方通益母生化合剂。当子宫颈收缩不易通过时可注射雌激素。

慢性子宫内膜炎1次注入冲洗液的量以100毫升左右为宜，过多会引起子宫迟缓。以生理盐水冲洗，冲洗液排出后将氨苄西林钠粉针（方通泰宁）和益母生化合剂注入子宫。

当患牛全身症状明显时，用双丁注射液（方通汝健）和盐酸头孢噻呋注射液（方通倍健），肌内注射，每天1次，连用3~5天。

（二）药液注入法

在冲洗子宫之后（但当子宫内分泌物不多时可不冲洗子宫），向子宫内注入抗菌消炎剂。

第七节　羊链球菌病

羊链球菌病是由溶血性链球菌所引起的一种急性热性败血性的传染病，主要发生于绵羊。其特征为颌下淋巴结和咽喉肿胀，各脏器出血，大叶性肺炎，胆囊肥大。

一、症状

该病主要危害绵羊，山羊少有发生。多发生于冬季寒冷季节，天气越寒冷，气候急剧变化和大风雪天气，发病率和死亡率越高。病羊和带菌羊是该病的主要传染源，主要通过呼吸道排菌，健康羊通过呼吸道传染，还可经过与损伤的皮肤接触等途径感染发病。

突然发病，病羊食欲减少或废绝，反刍停止，病初体温升高至 41~42℃。精神沉郁，卧地不起。鼻黏膜红肿，流出浆液性或脓性鼻液，流涎呈泡沫状。眼结膜充血、流泪，后期流出脓性分泌物。眼睑及唇颊肿胀，流涎，呼吸困难、浅而急促，有的高达50 次/分钟左右，咽喉部及颌下淋巴结明显肿大。部分羊粪便松软，带黏液或血液。引起脑炎时具有神经症状，磨牙、呻吟和抽搐。

二、诊断

病死羊各脏器广泛出血，淋巴结肿大。鼻腔、咽喉、气管黏膜出血。肺水肿、气肿和出血，肝变性坏死，有的与胸壁粘连。胸腹腔和心包积液增多。肝、脾肿大，胆囊肥大较显著。脑膜水肿、充血和出血，脑室积有混浊的液体。

三、防治

一是加强检疫，做好产地检疫和引种检疫，防止疫病传入非疫区；加强饲养管理，做好冬春补饲和保暖防寒工作，提高畜群的抵抗力；引种羊在到达引种地后，要隔离饲养一段时间，待其适应后方能合群。

二是畜群发病后要严格进行封锁、隔离，对病尸进行无害化处理，污染环境和用具用戊二醛癸甲溴铵溶液（方通无迪）按 1∶1 000 的比例彻底消毒；粪便、垫料要堆积发酵处理。

三是对疾病流行的区域，用羊链球菌氢氧化铝甲醛灭活苗进行预防接种，平时可采用中药进行预防保健。

第八节　羊口疮

羊口疮是由羊口疮病毒引起绵羊和山羊的一种急性高接触性传染病。

一、症状

该病多发于春秋两季，3~6月龄羊最易感，成年羊也可感染，但发病较少，呈散发性流行。病羊和带毒羊是主要传染源。健康羊主要通过受伤的皮肤和黏膜感染发病。

二、诊断

1. 唇型

病羊在口角或上唇，有时在鼻镜上发生红斑，后变水疱或脓疱，溃烂后形成橘黄色或棕色的硬痂，良性时痂垢增厚、脱落而恢复正常。严重的继续发生丘疹、水疱、脓疱、痂垢，嘴唇肿大外翻，严重影响采食，衰弱而死。

2. 蹄型

仅侵害绵羊，常在蹄叉、蹄冠或系部皮肤形成水疱或脓疱，破裂后形成由脓液覆盖的溃疡。病羊跛行，长期卧地。

3. 外阴型

有黏性和脓性阴道分泌物，在肿胀的阴唇和附近的皮肤上有溃疡。乳房和乳头的皮肤发生脓疱、烂斑和痂垢。公羊阴鞘肿胀，阴鞘口和阴茎上发生小脓疱和溃疡。

三、防治

一是保护黏膜、皮肤不受损伤，饲料和垫草应尽量挑出芒刺，加喂适量食盐；不要从疫区引进羊及其产品，对引进的羊隔离观察半个月以上，确认无病后再混群饲养。

二是发病时，可用戊二醛癸甲溴铵溶液（方通消可灭）按1：1 000比例稀释后进行污染环境的消毒，特别是圈舍用具、病羊体表和蹄部的消毒。

三是在该病流行地区，用羊口疮弱毒疫苗进行免疫接种。每只羊口腔黏膜内注射0.2毫升，以注射处出现一个透明发亮的小水疱为准。也可把病羊口唇部的痂皮取下，研成粉末，用5%的甘油生理盐水稀释成1%的溶液，对未发病羊做皮肤划痕接种，经过10天左右即可产生免疫力，对预防该病有良好效果。

第九章　常见动物共患病防治

第一节　口蹄疫

口蹄疫是由口蹄疫病毒引起的一种急性、热性、高度接触性传染病。主要感染偶蹄动物，偶见人和其他动物。

一、症状

1. 猪

潜伏期 1~2 天，主要以蹄部水疱为特征，体温升高，可达 40~41℃，精神沉郁，食欲减少或废绝。蹄冠、蹄叉、蹄踵等部出现局部皮肤发红、微热、敏感等症状，不久逐渐形成米粒大至蚕豆大的水疱，水疱破裂后表面出血，形成糜烂，1 周左右康复。如有继发感染，严重者影响蹄叶，蹄匣脱落。患肢不能着地，常跛行或卧地不起。此外在口腔黏膜、鼻镜、乳房也常见到烂斑。哺乳仔猪多呈急性胃肠炎和心肌炎，突然死亡，死亡率达 60%~80%。

2. 牛

潜伏期平均 2~4 天，最长可达 1 周左右。病牛体温升高达 40~41℃，精神沉郁，食欲减退，闭口，流涎，开口时有吸吮声，1~2 天，在唇内面、齿龈、舌面和颊部黏膜发生水疱。初为直径 1~2 厘米的白色水疱，水疱迅速增大，并常融合成片，口温高，此时病牛大量流涎，呈白色泡沫状，常常挂满嘴边，病牛采食、反刍完全停止。水疱约经一昼夜破裂形成浅表的红色糜烂，水疱破裂后，随后体温降至正常，糜烂逐渐愈合，全身症状逐渐好转。如有细菌感染，糜烂加深，发生溃疡，溃疡愈合后形成瘢痕。有时并发纤维蛋白性坏死性口膜炎和咽炎、胃肠炎。有时在鼻咽部形成水疱，引起呼吸障碍和咳嗽。在口腔发生水疱的同时或稍后，在足趾间蹄踵球部、蹄冠和蹄叉等部位柔软的皮肤出现红肿、疼痛，迅速发生水疱，并很快破溃，出现糜烂，或干燥结成硬痂，逐渐愈合。如果病牛衰弱，或饲养管理不当，可发生继发性感染引起化脓、坏死，表现为跛行，严重的甚至蹄匣脱落。乳房部皮肤及乳头上有时也可出现水疱，很快破裂形成烂斑，如涉及乳腺引起乳房炎，泌乳量显著减少，甚至泌乳停止。孕牛可流产。

成年牛多取良性经过，病程 1~3 周，但怀孕母牛经常出现流产，死亡率一般不超过 2%。幼龄牛常为恶性口蹄疫，多在恢复期突然恶化，常因心肌麻痹死亡，死亡率高达 50%~70%。哺乳的犊牛患病时，一般不出现明显水疱，主要表现为出血性心肌炎。病愈牛可获得 1 年左右的免疫力。

3. 绵羊和山羊

潜伏期 1 周左右，症状与牛相似，但流涎明显，感染率也较牛低。绵羊以蹄部的症状更明显。山羊多见于口腔，呈弥漫性口膜炎，水疱发生于硬腭和舌面，羔羊有时有出血性胃肠炎，常因心肌炎而死亡。

4. 人

人感染口蹄疫，主要是通过破损皮肤或由于食用消毒不彻底的感染乳。潜伏期一般为 3~8 天，常突然发病，发热、头晕、头痛、恶心、呕吐、精神不振，2~3 天后，在唇、齿龈、舌面、颊部、指间、指基部，有时也在手掌、足趾、鼻翼和面部出现水疱，水疱破裂后形成结痂和溃烂，很快愈合。病程1周左右，良性转归。严重的可并发胃肠炎、神经炎和心肌炎等。

二、诊断

根据主要侵害偶蹄动物、发病急、传播迅速、呈流行性或大流行性发生、一般为良性转归以及口和蹄部出现特征性的水疱和烂斑，可作出初步诊断。确诊须进行实验室检查。

三、防治

平时加强检疫工作，禁止从疫区或解除封锁不久的地区购入动物、动物产品或饲料等，常发地区应定期使用相应病毒型的口蹄疫疫苗进行预防接种。目前预防口蹄疫的疫苗有弱毒苗和灭活苗，弱毒苗有A型、O型和A型、O型的二联苗。对牛、羊均安全可靠。但对猪有一定的致病力。猪可使用口蹄疫病毒O型灭活疫苗或O型合成肽疫苗，28~35日龄进行初免，间隔1个月进行1次强化免疫，种猪每隔4~6个月免疫1次。

在发生口蹄疫时，应迅速上报疫情，及时诊断定型，划定并封锁疫点、疫区，对疫点、疫区内患病动物及同群动物进行扑杀，尸体进行焚烧或化制处理，对污染的环境和用具进行彻底消毒；对疫区内的假定健康动物及受威胁区的易感动物进行同型疫苗的紧急免疫接种，及时消灭传染源。

第二节　痘病

痘病是由痘病毒引起的各种畜禽和人类共患的一种急性、热性、接触性传染病。其主要特征是在皮肤和黏膜上产生丘疹和痘疹。

一、绵羊痘

绵羊痘是由绵羊痘病毒引起的一种高度接触性传染病，其特征为全身的皮肤和黏膜上发生特异的痘疹，可见到斑疹、丘疹、水疱、脓疱和结痂等病理过程。绵羊痘发生于全世界许多地区，特别是在亚洲、中东地区和北非。

（一）症状

潜伏期 1 周左右。又叫羊天花。首先表现全身症状，即体温升高至 41~42℃，食欲降低，精神抑郁，呼吸加快，鼻腔分泌物增多，可视黏膜潮红。1~2 天开始出痘，多在体表无毛或少毛处出现红斑，随后的 1~2 天开始成为丘疹，高出皮肤，扁平，从绿豆大至黄豆大不等。丘疹颜色从红变为淡红或灰白色，并呈半球状增大，2~3 天内在其顶部出现水疱，水疱疹仍较平或脐状凹陷。随后的 2~3 天转为脓疱，无继发感染则脓疱可在 5 天左右结痂脱落形成红色或白色瘢痕。若仅为体表痘疹而又不发生继发感染，则多取良性经过。但是绵羊痘往往不只限于体表，而是在胃、肠、气管、支气管黏膜、肺部等多处产生病变，因此发病率和死亡率一般较高，分别为 75%和 50%，羔羊死亡率有时可达 100%。死后病变与生前所见相同，主要表现体表痘疹或痘痂，内部组织痘疹只有在死后剖检时才可见到。其他无特征性变化。

除皮肤上的痘疹外，前胃或第四胃黏膜、咽和支气管黏膜上出现痘病变，且易破溃而遗留红色糜烂面或溃疡，但边缘常呈白色。在肺部见有干酪样结节和卡他性肺炎区。肠道黏膜少有痘疹变化。呼吸道炎症、肺炎和胃肠炎等并发症也比较常见。

（二）诊断

典型病例可根据流行情况、临诊症状、病理变化进行初步诊断。对非典型病例可结合群的不同个体发病情况作出诊断。确诊可采取丘疹组织制成切片，染色后检查包涵体，如在胞浆内见有深褐色的球菌样圆形小颗粒（原生小体），用吉姆萨或苏木紫-伊红染色，镜检，见胞浆内的包涵体即可确诊。

（三）防治

平时加强饲养管理，抓好秋膘，特别是冬春季节注意适当补饲、防寒。在常发地区的羊群，每年定期预防接种，使用羊痘鸡胚化弱毒疫苗尾部或股内侧皮内注射，剂量 0.5 毫升，注射后 4~6 天产生可靠的免疫力，免疫期可持续 1 年。

对发病的羊群立即隔离病羊，封锁疫区，做好消毒工作，对尚未发病或邻近已受威胁的羊只进行紧急接种。病死羊的尸体应深埋，圈舍和用具要彻底消毒。

该病尚无特效药。病羊可注射免疫血清或康复动物血清，每只羊皮下注射 10~20 毫升。黏膜上的痘疹，可用 0.1%高锰酸钾液充分冲洗后，涂拭碘甘油或紫药水。继发感染时，肌内注射青霉素 80 万~160 万国际单位，每日 1~2 次；或用 10%磺胺嘧啶钠 10~20 毫升，肌内注射 1~3 次/日。

二、猪痘

猪痘是由猪痘病毒和痘苗病毒两种形态学极为近似的病毒引起的，猪痘最初发生于欧美、日本等地，是养猪业发达地区常见的病毒性疾病。

（一）症状

潜伏期 4~7 天，病猪体温升高，精神不振，食欲减退，鼻、眼有分泌物。痘疹主要发生于下腹部和四肢内侧以及背部或体侧部等处。病变渐进性发展，病初这些部位出现深红色的硬结节，突出于皮肤表面，表面平整，见不到形成水疱即转为脓疱，并很快结成棕黄色痂块。病程3~4周。该病多为良性经过，病死率不高，如饲养管理不当或有继发感染时，病死率增高。

（二）诊断

根据病猪典型痘疹和流行病学材料即可作出诊断。区别猪痘是由何种病毒引起，可用家兔作动物接种，在接种部位引起痘疹为痘苗病毒。

临床上应注意与典型的水疱病、玫瑰糠疹、寄生虫性皮肤疾病、过敏性皮炎、葡萄球菌性皮炎的鉴别。

（三）防治

加强饲养管理，搞好卫生，消灭猪血虱和蚊、蝇等。新购入的生猪应隔离观察1~2周，确认无病方可混群。一旦发现病猪要及时隔离，使用驱虫药控制体外寄生虫，对发病部位应重点清洁消毒。对病猪污染的环境及用具要彻底消毒，垫草焚毁。该病目前尚无有效疫苗，但康复猪可获得坚强免疫力。

三、牛痘

牛痘是由牛痘病毒引起的牛的一种良性疾病。

（一）症状

潜伏期为3~8天，病牛体温轻度升高，食欲减退，乳头和乳房局部温度略有增高，挤奶时较敏感。不久，在乳房和乳头的皮肤上出现多个红色丘疹，1~2天后形成豌豆大小的圆形或卵圆形内含棕黄色或红色淋巴液的水疱，水疱中心有凹窝，边缘隆起呈现脐状，迅速化脓，然后结痂。病程2~3周。无细菌感染时，病牛常无全身症状。

该病传播迅速，很快感染全群，常传染挤奶工人，可在手、臂甚至脸部发生痘疱，病灶常常坏死。

（二）诊断

根据乳头和乳房皮肤上的特异病变及在牛群中迅速传播的流行特点，可作出诊断。确诊可采取病变部组织作包涵体检查，或采水疱液，以磷钨酸负染后电镜观察，可见典型的痘病毒粒子。也可将水疱液接种鸡胚、单层细胞，或角膜划痕接种于家兔。牛痘病毒可在鸡胚绒毛尿囊上形成红色的出血性痘斑。家兔角膜划痕接种后，第二天在划痕处发生小的透明增生，滴上可卡因，切下角膜制备标本，HE 染色，可以发现胞浆内的包涵体。

（三）防治

应注意挤奶卫生，发现病牛及时隔离。治疗可用各种软膏（如抗生素、磺胺类、硼酸等软膏）涂抹患部促使愈合和防止继发感染。

第三节　狂犬病

狂犬病又称疯狗病，是由狂犬病毒引起的人和所有温血动物共患的传染病，主要侵害中枢神经系统，其临床特征是病畜呈现狂躁不安和意识紊乱，最后发生麻痹而死亡。人感染后常有害怕喝水的突然临床表现，故称为恐水症。

一、症状

潜伏期长短与感染病毒的数量、毒力、伤口距神经中枢的距离及动物的易感性有关。一般为 2~8 周，短者 1 周，长者可达数月或数年。猫、犬平均为 20~60 天，人为 30~60 天。

1. 犬

一般可分为狂暴型和麻痹型两种临床类型。

（1）狂暴型。前驱期为1~2天。病犬精神沉郁，举动反常，常躲在暗处，不愿和人接近，不听呼唤，强迫牵引则咬畜主。性欲亢进，性情、食欲反常，异嗜，好食碎石、泥土、木片等异物。喉头轻度麻痹，吞咽困难。瞳孔散大，刺激反应的兴奋性增强。唾液分泌增多，后躯软弱。

兴奋期为2~4天。病犬表现高度兴奋，狂暴并常攻击人畜或咬伤自身。狂暴发作常与沉郁交替出现。病犬疲惫卧地不动，但不久又立起，表现惶恐不安。疯狗很少恐水，相反，遇水时可能扑向水源，戏水。有的病例无目的地奔走，夹尾，甚至一昼夜奔走百余里，且多半不归。沿途随时都可能攻击人畜，病狗行为凶猛，间或意识清晰，重新认识主人。拒食，异嗜，如吞食木片、石子、煤块等，继而咽喉肌麻痹，吠声嘶哑，吞咽困难，唾液增多。随着病程发展，意识障碍，反射紊乱，显著消瘦，眼球凹陷，散瞳或缩瞳。

麻痹期为1~2天。麻痹症状急速发展，下颌下垂，舌脱出口外，流涎显著，不久后躯及四肢麻痹，卧地不起，最后因呼吸中枢麻痹或衰竭而死。整个病程为7~10天。

（2）麻痹型。病犬以麻痹症状为主，没有兴奋期或兴奋期很短。很快进入麻痹期，麻痹始见于头部肌肉，病犬表现吞咽困难，随后发生四肢麻痹，进而全身麻痹直至死亡。一般病程为5~6天。

2. 牛、羊

牛病初见精神沉郁，反刍，食欲降低，不久表现不安，用蹄刨地，高声吼叫，并啃咬周围物体，性机能亢进，如频频交配爬跨，局部或全身瘙痒导致自残、癫痫、眼耳警觉、低头和角弓反张。有些病例还出现吞咽困难、流涎及舌功能减弱症状，同时还见咽麻痹的不能饮水。最后倒地不起，衰竭而死。病程3~6天。

羊的狂犬病较少见，多为麻痹型。

3. 猪

突然发病，最初呈现应激性增高，病猪拱地，摩擦被咬部位，攻击人畜。在发作间歇期常钻入垫草中，稍有声响立即跃起，无目的地乱跑，最后共济失调，后躯麻痹，呈游泳状，流涎，全身肌肉阵发性痉挛。随着病程的发展，痉挛逐渐减弱，最后只见肌肉频繁微颤。经 2~4 天死亡。

4. 禽

成年禽类对狂犬病有很强的抵抗力，但也偶见自然发病病例。病禽羽毛逆立，乱走乱飞，可用爪和喙攻击其他禽类和人。病程 2~3 天。

5. 人

患者开始焦虑不安，不适，头痛，体温略高，随后兴奋和感觉过敏，流涎，对光、声敏感，瞳孔散大，咽肌痉挛，吞咽困难，并出现恐水症状，兴奋期可能持续至死亡，或在死前出现全身麻痹。病程 3~4 天。

二、诊断

该病的临床诊断比较困难，常与脑炎相混而误诊。如患病动物出现典型的病程，各个病期的临床表现十分明显，结合病史可以作出初步诊断。确诊需进行必要的实验室检验。

三、防治

有计划、全面地预防接种是防止狂犬病发生的有效措施。国内常用的兽用狂犬病有 3 种疫苗，即 AgG 株原代仓鼠弱毒佐剂疫苗、羊脑弱毒活疫苗和灭活疫苗、Flury 毒株鸡胚低代毒适应于 BHK-21 细胞培养后制成的活毒疫苗。其中活苗 3~4 月龄的

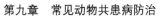

犬首次免疫，1岁时再次免疫，然后每隔2~3年免疫一次。灭活苗在3~4月龄犬首次免疫后，二免在首免后3~4周进行，二免后每隔一年免疫一次。ERA株狂犬病弱毒疫苗可适用于各种动物的免疫。

人和动物被咬伤后，伤口应用大量肥皂水或0.1%新洁尔灭和清水冲洗，再局部应用75%酒精或2%~3%碘酒消毒，穿通伤口，应将导管插入伤口内接上注射器灌输液体冲洗。在局部清洗的同时，应围绕伤口局部做浸润注射抗狂犬病免疫血清或人源抗狂犬病免疫球蛋白。对患病动物应立即捕杀，不宜治疗，尸体必须焚烧或深埋。

第四节　流行性乙型脑炎

流行性乙型脑炎又称日本乙型脑炎，是由流行性乙型脑炎病毒引起的一种人畜共患的蚊媒急性病毒性传染病。在人和马呈现脑炎症状，猪表现为母猪的流产、死胎和公猪的睾丸炎、附睾炎，其他家畜和家禽大多呈隐性感染。

一、症状

1. 猪

一般呈散发型，隐性病例居多，潜伏期一般为3~4天。

常突然发病，体温升高达40~41℃，呈稽留热，精神沉郁，嗜睡。食欲减退，饮欲增加。粪便干硬附有灰白色黏液，呈球状，尿呈深黄色。有的猪后肢、肢关节肿胀、疼痛、跛行。有的病猪表现明显的神经症状，乱冲乱撞，摆头，后肢麻痹，步行踉跄，最后倒地不起至死亡。

妊娠母猪常不表现明显的症状，在妊娠后期突然发生流产。

流产胎儿有的木乃伊化，有的全身水肿，有的存活几天痉挛死亡，有的健康存活。同胎仔猪的大小及病变表现出极大的差别。有的超过预产期也不分娩，胎儿长期滞留，特别是初产母猪常见到此现象。流产后症状减轻，体温、食欲恢复正常。少数母猪流产后从阴道流出红褐色乃至灰褐色黏液，胎衣不下。母猪流产后对继续繁殖无影响。

流产胎儿多为死胎或木乃伊胎，或为弱仔。有的生后出现神经症状，全身痉挛，倒地不起，1~3 天死亡。

公猪除有上述一般症状外，常发生一侧或两侧睾丸炎。局部发热，有痛感，睾丸明显肿大，较正常睾丸大半倍到 1 倍，患病的阴囊发热，有痛感，触压发硬，3 天后肿胀消退，逐渐萎缩变硬，丧失配种能力。

2. 人

潜伏期为 7~14 天，主要发生在儿童，3~6 岁的小儿最易感染，绝大多数在 8 月发病，其次为 7 月和 9 月。多突然发病，常见发热、头痛、昏迷、嗜睡、烦躁、呕吐、惊厥等症状。颈部强直、腹壁反射及提睾反射消失，并有意识障碍、呼吸衰竭、死亡。

猪脑的病变广泛存在于大脑及脊髓，但主要位于脑部，以间脑、中脑等处病变为主，脑脊髓液增多，黄色透明，有时混浊，硬脑膜和软脑膜轻度充血，有的可见大小不等的出血点和出血斑。脊髓膜混浊、水肿。有的可见肝脏、肾脏肿胀变硬。心内外膜有点状出血。

流产母猪子宫内膜充血、水肿，黏膜有少量小点状的出血，并附有黏稠的分泌物，死胎有皮下水肿和胶样浸润，脑内积液。胎儿大小不等，有的呈木乃伊化。全身肌肉褪色，似煮肉样。

公猪肿胀的睾丸实质充血、出血，切面可见有颗粒状的小坏死灶，最明显的变化是楔状或斑点状出血和坏死，鞘膜和白膜间有积液。阴囊与睾丸粘连。

二、诊断

该病发生有严格的季节性，呈散在性发生，多发生于幼龄动物，有明显的脑炎症状，怀孕母猪发生流产，公猪发生睾丸炎。死后取大脑皮质、丘脑和海马角进行组织学检查，发现非化脓性脑炎等，可作为诊断的依据。确诊需作实验室诊断。

三、防治

加强饲养管理，搞好畜舍和周围环境卫生。排出积水，消灭蚊子的滋生地，杀灭蚊虫，切断蚊子等吸血昆虫传播疾病的途径。对发病动物的污染物、排泄物应严格进行处理。对出入养殖场和畜舍的人员、新购进家畜、饲料、饮水应进行严格消毒。

1. 免疫接种

患乙脑恢复后的动物可获得较长时间的免疫力。猪已有猪乙型脑炎活疫苗和灭活苗。亦可用乙型脑炎克隆 98 毒株活疫苗于该病流行前 1~2 个月对青年母猪和公猪进行该疫苗免疫 1 次，免疫有效期 1 年。气候炎热的南方地区应 1 年免疫 2 次。

2. 对症治疗

目前治疗该病没有特效药物。一旦发病，病畜应该立即隔离治疗，根据具体情况采取对症疗法和支持疗法。对高热的动物配以可解热药物；使用降低颅内压的药物，减轻脑水肿，常用 25% 山梨醇或 20% 甘露醇静脉注射降低颅内压；用抗生素药物防止继发感染。

第五节　大肠杆菌病

　　大肠杆菌病是由大肠杆菌的部分血清型引起的一种人畜共患的传染病，主要引起人和动物严重腹泻和败血症，尤其对婴儿和幼龄畜禽危害更为严重。

　　该病一年四季均可发生，但犊牛和羔羊多发于冬春舍饲时期。饲养管理不善，环境卫生差，潮湿，气候骤变，母畜营养低下，奶牛饲养管理条件的改变均为该病的诱因。

一、仔猪大肠杆菌病

　　根据仔猪生长期和感染病原大肠杆菌血清型的不同，临床上可表现为三个类型：仔猪黄痢、仔猪白痢和猪水肿病。

（一）仔猪黄痢

　　仔猪黄痢又称早发性大肠杆菌病，是1周龄以内的新生仔猪的一种急性败血性传染病。1~3日龄发病率最高，7日龄以上很少发病。主要是以剧烈的黄色水痢和迅速脱水死亡为特征。主要病理变化为急性卡他性肠炎和败血症。引起仔猪黄痢的大肠杆菌血清型很多，且各地有一定差异，以08、045、0101、0115、0138、0139、0141、0149、0157等群多见，少数有K88表面抗原，能产生肠毒素。

　　1. 症状

　　潜伏期短，出生后12小时以内即可发病，长的也仅1~3天。一窝仔猪出生时体况正常，突然有1~2头发病，表现全身衰弱，迅速死亡，以后其他仔猪相继发病，排出黄色浆状稀粪，内含气泡或凝乳小片，有腥臭味，肛门哆开、肿胀，周围有黄白色稀便污染，最后由于肛门松弛而失禁。较严重流行时，少数病

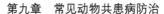

猪可能有呕吐，病猪精神沉郁、迟钝，眼睛无光，皮肤呈蓝灰色，质地枯燥，很快消瘦、脱水、体重下降，昏迷而死。

剖检尸体脱水严重，皮下常有水肿。胃部胀满，常有未消化的凝乳块，肠道膨胀，有多量黄色液状内容物和气体，肠黏膜呈急性卡他性炎症变化，以十二指肠最严重，大肠病变较小肠轻微，肠系膜淋巴结轻度肿胀，呈淡黄红色或红色，切面多汁，有弥漫性小点出血，肝脏稍肿，淤血呈紫红色。肾色淡，皮质表面有数量不等的针尖大小出血点。肝、肾有凝固性小坏死灶。肺脏有明显的水肿。

2. 诊断

根据初生仔猪在 1 周龄内发生剧烈黄色的腹泻，通常为窝发，病死率高等特征，可初步诊断。确诊取新死亡猪小肠前段内容物，接种麦康凯和伊红亚甲蓝培养基上，18~24 小时培养，在麦康凯培养基上长出粉红色的菌落，伊红亚甲蓝培养基上形成具有金属光泽的紫黑色菌落。挑取该菌落作进一步的培养和生化试验，或用大肠杆菌因子血清鉴定血清型。

临床上应与仔猪的梭菌性肠炎、传染性胃肠炎和轮状病毒感染相区别。仔猪的梭菌性肠炎主要是排红色的黏液性腹泻便，病变主要在空肠具有特征性，空肠段呈红色，肠内充气，内容物黄红色，混有气泡。黏膜上有黄色或灰色坏死性伪膜。肠内容物有坏死的组织碎片。猪传染性胃肠炎可见于任何年龄的猪，传播迅速，波及全群，除仔猪死亡外，年龄大的猪多可自行康复。此外粪便的 pH 值可能有助于诊断。仔猪黄痢的腹泻便为碱性，而传染性胃肠炎或轮状病毒引起代谢紊乱的腹泻便 pH 值多为酸性。

3. 防治

加强饲养管理，搞好环境卫生和消毒工作。母猪产房要保持清洁干燥、保温、消毒，接产时用 0.1% 的高锰酸钾清洗乳房和乳头，减少应激因素的影响。常发地区，可选用大肠杆菌 K88ac-LTB 双价基因工程菌苗、新生猪腹泻大肠杆菌 K88、K99 双价基因工程苗、新生猪腹泻大肠杆菌 K88、K99、987p 三价灭活苗产前 15~20 天进行妊娠母猪注射，以通过母乳获得被动免疫。治疗可用氟苯尼考（每千克体重 20% 氟苯尼考 0.1 毫升，隔 48 小时 1 次，连用 2~3 次）、复方痢菌净（2% 痢菌净 +1% 恩诺沙星，每千克体重 0.2 毫升，每日 1~2 次，连用 3~5 天）、喹诺酮类等药物。

（二）仔猪白痢

仔猪白痢又称迟发性大肠杆菌病，是哺乳仔猪的一种肠道传染病。引起仔猪白痢的大肠杆菌有一部分与仔猪黄痢和水肿病相同。主要是以仔猪排乳白色或灰白色的下痢为特征。

该病发生于 10~30 日龄的仔猪，其中以 10~20 日龄仔猪多发。1 月龄以上仔猪很少发生。一年四季都可发生，但在冬春气温骤变、阴雨连绵的季节多发。每窝的发病头数不同，有的仅 1~2 头发病，有的 80% 发病。此外，仔猪白痢的发生还与各种应激因素有关，如母猪过肥或过瘦，乳汁过浓或不足，营养缺乏，饲料品质的突然改变，气候骤变等。

1. 症状

病猪突然发生腹泻，排出乳白色或灰白色的浆状、糊状黏腻性粪便，腥臭，有时带有气泡或血丝。有时有呕吐。体温与食欲无明显变化。随着病情的加剧，病猪出现精神委顿、被毛粗乱、体表无光、消瘦、脱水。病程 2~3 天，长的 1 周左右，能自行康复，很少死亡，但常常生长迟缓。

病猪体消瘦，黏膜苍白，肛门及周围被粪便污染。肠黏膜呈卡他性炎症，肠壁变薄，结肠内有乳白色或灰白色糊状或油膏状内容物。肠系膜淋巴结轻度肿胀。

2. 诊断

根据 10~30 日龄内的哺乳仔猪出现白色或灰白色的下痢，发病率高，病死率低等特征，可初步诊断。必要时可以从小肠内容物分离出大肠杆菌，用血清学方法鉴定可确诊。

3. 防治

加强母猪的饲养管理，合理搭配饲料，母猪妊娠期间和产后应保持充足的营养，确保母猪泌乳量的平衡。秋冬季节应做好仔猪的防寒保暖工作，及早补料。猪舍应保持干燥、清洁，定期消毒。

二、禽大肠杆菌病

禽大肠杆菌病是大肠杆菌的某些血清型引起的禽多种疾病的总称。主要表现为急性败血症、脐炎、气囊炎、全眼球炎、关节滑膜炎、输卵管炎、腹膜炎、肉芽肿。

临床上多见于鸡、火鸡和鸭。各年龄、品种的鸡都有易感性。但雏鸡的易感性最高，一般 20~45 日龄雏鸡多发，死亡率也高。

（一）症状

潜伏期从数小时至 3 天不等。急性型表现为体温升高，突然死亡，常无腹泻症状。经卵或鸡胚感染，出壳后几天内即可发生大批急性死亡。主要表现为体温升高，达 43℃以上，精神沉郁，食欲减退或废绝，羽毛松乱，两翅下垂，腹泻，排黄绿色或灰白色的稀便，多在 1~3 天死亡。慢性型呈剧烈腹泻，粪便灰白色，有时混有血液，死前有抽搐、转圈运动等神经症状，病程可拖延十余天，有时见全眼球炎。成年鸡感染后，多表现为关节滑膜炎、输卵管炎和腹膜炎。

（二）诊断

根据流行病学、临诊症状和病理变化可作出初步诊断。确诊需进行细菌学检查。取病禽的肝、脾、心、血以及肠内容物菌检的取材部位，进行分离培养，对分离出的大肠杆菌应进行生化反应和血清学鉴定，然后再根据需要，做进一步的检验。

（三）防治

严格执行卫生防疫制度，加强饲养管理，搞好环境卫生，做好禽舍通风保暖，消除诱因，减少发病机会。种蛋应来自无大肠杆菌病的鸡群，尽可能减少种蛋的污染，种蛋在保存和入孵前必须进行消毒，淘汰破损明显有粪便污染的种蛋，孵化器在孵化前应进行熏蒸消毒。控制好出雏温度，减少弱雏的数量；注意育雏温度，控制饲养密度，鸡舍和舍内用具应彻底消毒，注意饲料饮水卫生。发病地区可对本地（场）流行的大肠杆菌血清型制备的多价活苗或灭活苗接种种禽，可使雏禽获得母源抗体。

大肠杆菌对多种药物敏感，如氟苯尼考、氨苄青霉素、新霉素、阿米卡星、头孢类、土霉素、氟喹诺酮类。抗球虫药——莫能菌素也有抗菌活性。但大肠杆菌很容易对药物产生耐药性，因此临床上最好对分离的菌株进行药敏试验，筛选敏感性的药物进行治疗。

第六节　沙门氏菌病

沙门氏菌病，又名副伤寒，是沙门氏菌属细菌引起的畜禽和野生动物疾病的总称。临诊上多表现为败血症和肠炎，也可使怀孕母畜发生流产。

一、猪沙门氏菌病

（一）症状

潜伏期一般为2天到数周不等。临诊上分为急性、亚急性和慢性。

1. 急性（败血型）

多发于断奶前后的仔猪，突然发病，体温升高至41~42℃，精神不振，食欲减退或废绝，迅速死亡。病程稍长的表现为下痢，呼吸困难，耳根、胸前和腹下皮肤有紫红色斑点。转归多为死亡，多数病程为2~4天。

2. 亚急性和慢性

是该病临诊上多见的类型，多由急性转归而来或开始即为慢性经过。病猪体温升高至40.5~41.5℃，精神不振，畏寒，逐渐消瘦，生长停止，眼有黏性或脓性分泌物，上、下眼睑常被黏着。少数发生角膜炎，严重者发展为角膜溃疡。顽固性腹泻，粪便灰白色或黄绿色，恶臭，并混有大量的坏死组织碎片。在病的中、后期，部分病猪皮肤出现弥漫性湿疹，特别在腹部皮肤，有时可见绿豆大、干涸的浆性覆盖物，揭开见浅表溃疡。病情往往拖延2~3周或更长，最后极度消瘦，衰竭而死。少数变成僵猪。

急性者主要为败血症的病变。耳根、胸腹、四肢内侧皮肤有紫红色斑点。全身的黏膜有不同程度的出血斑点。脾常肿大，色暗带蓝，质地似橡皮，切面蓝红色，脾髓质不软化。肝、肾也有不同程度的肿大、充血和出血。有时肝实质可见极为细小的黄灰色糠麸状坏死小点。胃肠黏膜呈急性卡他性炎症。肠系膜淋巴结索状肿大。其他淋巴结也有不同程度的增大，软而红，类似大理石状。

亚急性和慢性的特征性病变为坏死性肠炎。盲肠、结肠肠壁增厚，黏膜上覆盖着一层弥漫性坏死性腐乳状物质，剥开见底部红色、边缘不规则的溃疡面，有时波及回肠后段。少数病例滤泡周围黏膜坏死，稍突出于肠壁表面，有纤维蛋白渗出，形成同心轮环状。肠系膜淋巴结索状肿胀，部分呈干酪样变。脾稍肿大。

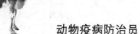

肝有时可见黄灰色坏死小点。

（二）诊断

根据流行病学、临床表现、病理变化可进行综合诊断，确诊可通过实验室检查。

1. 细菌学检查

采集急性病例的肝、脾、肺、肠系膜淋巴结等组织或分泌物、血液、尿液等，涂片、染色、镜检。可见革兰阴性球杆菌或短杆菌。

2. 分离培养

将病料或增菌后的培养物分别接种于麦康凯培养基和 SS 琼脂培养基中，在 35~37℃ 下培养，经 18~24 小时培养后菌落直径为 1~3 毫米的无色、透明、光滑的菌落，在 SS 琼脂平板上，产生 H_2S 的细菌，菌落中央往往呈灰黑色的可初步鉴定。必要时进行生化试验及动物接种试验等。

（三）防治

加强饲养管理，消除诱发因素，保持饲料、饮水的清洁、卫生，减少疾病的发生。常发地区每年定期注射仔猪副伤寒疫苗预防接种。

一旦发病，应立即隔离病猪，同时对污染的环境、用具等进行消毒，尸体做无害化处理。对病猪可以用氟苯尼考（每千克体重 20~30 毫克，间隔 48 小时注射 1 次，连用 2 次）、复方痢菌净（每千克体重 5~10 毫克，2 次/天，连用 3 天）、复方磺胺间甲氧嘧啶、卡那霉素、新霉素等进行治疗。

二、禽沙门氏菌病

（一）症状

1. 鸡白痢

各种品种的鸡对该病均有易感性，以 2~3 周龄以内雏鸡的

发病率与病死率为最高，呈流行性。成年鸡感染呈慢性或隐性经过。近年来，育成阶段的鸡发病也日趋普遍。

潜伏期为4~5天，出壳后感染的雏鸡，多在孵出后几天才出现明显症状。7~10天后雏鸡群内病雏逐渐增多，在第2、第3周达发病和死亡高峰。发病雏鸡呈最急性者，无症状迅速死亡。稍缓者表现精神委顿，食欲减退或废绝，绒毛松乱，两翼下垂，缩颈闭眼昏睡，不愿走动，畏寒，常拥挤在一起。腹泻，排稀薄白色糊糊状粪便或混有气泡，肛门周围绒毛被粪便污染，有的因粪便干结封住肛门周围，引起肛门周围炎。排便疼痛，故常发出尖叫声，最后因呼吸困难及心力衰竭而死。有的病雏出现眼盲或关节炎，肢关节肿胀，呈跛行症状。病程短的1天，一般为4~7天，病程较长，且极少死亡。耐过鸡生长发育不良，成为慢性患者或带菌者。雏火鸡和雏鸡的症状相似。

成年鸡感染多呈慢性经过，常无临诊症状。但母鸡产蛋量下降，产蛋停止或腹泻。有的因卵黄性腹膜炎而引起"垂腹"现象。同时受精率和孵化率降低。有时成年鸡可呈急性发病。

最急性的病例，在育雏阶段的早期表现是突然死亡而没有病变。急性病例可见肝脏、脾脏、肾脏肿大及充血，有时肝脏可见白色坏死灶，胆囊肥大。病期延长者，卵黄囊吸收不良，卵黄囊内容物可能呈奶油状或干酪样黏稠物，在心肌、肺、肝、盲肠、大肠及肌胃肌肉中有白色结节，心肌上的结节增大时，有时能使心脏明显变形，心包增厚，内含黄色或纤维素性渗出液。输尿管充满尿酸盐而扩张。盲肠内容物中有干酪样栓子堵塞肠腔，有时还混有血液。死于几日龄的病雏，有出血性肺炎，稍大的病雏，肺有灰黄色结节和灰色肝变。育成阶段的鸡，突出的变化是肝肿大，可达正常的2~3倍，暗红色至深紫色，有的略带土黄色，表面可见散在或弥漫性的小红点，黄白色的粟粒大小或大小不一的坏死灶，质地极脆，易破裂，常见有内出血变化，肝表面有较大的凝血块，腹腔内积有大量血水。有的鸡表现关节肿大，内含黄色的黏稠液体，以跗关节最为常见。

2. 禽伤寒

该病主要发生于鸡，也可感染火鸡、珍珠鸡、鹌鹑、孔雀、雉鸡等禽类，鸭、鹅、鸽对禽伤寒沙门氏菌有一定的抵抗力。成年鸡易感，但有报道禽伤寒可致1月龄内的雏鸡的死亡率高达26%。一般呈散发性。

潜伏期一般为4~5天。在年龄较大的鸡和成年鸡，急性经过者突然停食，排黄绿色稀便，体温上升1~3℃。病鸡可迅速死亡，通常经5~10天死亡。病死率10%~50%或更高些。雏鸡和雏鸭发病时，其症状与鸡白痢相似。

雏鸡（鸭）病变与鸡白痢相似。成年鸡，最急性者眼观病变轻微或不明显，急性者常见肝、脾、肾充血肿大，亚急性和慢性病例，特征病变是肝肿大呈青铜色，肝和心肌有灰白色、粟粒大坏死灶，心包炎。卵泡及腹腔病变与鸡白痢相同。

死于伤寒的雏鸭，肝脏呈青铜色，并有灰色坏死灶，胆囊肥大，充满胆汁，心包炎和心肌炎；病死成年鸭因卵泡破裂而引起卵黄性腹膜炎，卵泡出血、变性。

（二）诊断

根据流行病学、临诊和病理特征可作出初步诊断，确诊需做病原体的分离、鉴定。此外，凝集反应可以用作鸡白痢的大群检疫。凝集反应主要有全血平板法、血清平板法、卵黄平板法。其中全血平板法最为常用。

（三）防治

严格执行一般性的卫生消毒和隔离检疫等综合措施。建立无白痢鸡群。定期检疫，淘汰带菌鸡。在健康的鸡群中，每年春秋两次对种鸡进行检疫，对检出的阳性鸡采取淘汰处理。入孵前，应对种蛋、孵化器进行消毒。对雏鸡应保持好育雏室的温度，注意通风，控制饲养密度，喂以全价饲料，环境场地定期消毒。同时筛选抗菌药物进行预防。

该病的药物治疗，可以应用氟苯尼考、硫酸新霉素、头孢类抗生素进行治疗，必要时应进行药敏试验筛选敏感性药物进行治疗。也可使用"促菌生"或其他活菌剂来预防雏鸡白痢。

第七节　巴氏杆菌病

巴氏杆菌病是由多杀性巴氏杆菌所引起的各种家畜、家禽、野生动物和人类的一种传染病的总称。动物急性病例以败血症和炎性出血过程为主要特征，慢性型常表现为皮下结缔组织、关节和各种脏器的化脓性病灶；人的病例罕见，几乎不发生败血症，且多呈伤口感染。

一、猪巴氏杆菌病（猪肺疫）

猪肺疫多杀性巴氏杆菌病常呈最急性和急性经过。最急性型呈败血症变化，咽喉部炎性肿胀，呼吸极度困难；急性型呈纤维素性胸膜肺炎。而散发性多呈慢性经过，主要表现为慢性肺炎或慢性胃肠炎。

（一）症状

潜伏期为 1~5 天，临诊上一般分为最急性型、急性型和慢性型。

1. 最急性型

俗称"锁喉风"，多在流行的初期发生，突然发病，迅速死亡。病程稍长，可表现明显的症状，体温升高可达 41~42℃，精神沉郁，食欲减退或废绝，全身衰弱。颈下咽喉部发热、红肿、坚硬，严重者蔓延到耳根和前胸。病猪呼吸极度困难，伸长头颈呼吸，常呈犬坐势，发出喘鸣声，口鼻流出泡沫样的液体，可视黏膜发绀，腹侧、耳根和四肢内侧皮肤出现红斑，很快死亡。病程 1~2 天，病死率 100%。

2. 急性型

最常见，除具有败血症的一般症状外，主要表现急性胸膜肺炎。体温升高达 40~41℃，初发生痉挛性干咳，鼻腔流黏稠液体，呼吸困难；后变为湿咳，咳时感痛，触诊胸部有剧烈的疼痛。常有黏脓性结膜炎。病势发展后，呼吸更感困难，张口吐舌，作犬坐姿势，可视黏膜蓝紫，初便秘，后腹泻。病猪消瘦无力，卧地不起，多因窒息而死。病程 5~8 天，耐过的转为慢性。

3. 慢性型

主要见于流行后期，表现为慢性肺炎和慢性胃炎症状。病猪持续性咳嗽，呼吸困难，口鼻的黏液性或脓性分泌物减少。常有腹泻。渐进性营养不良，极度消瘦，有时有关节炎，如不及时治疗，可衰竭死亡，病程多超过 2 周。病死率可达 60%~70%。

（二）诊断

根据病猪的临床表现、病理变化可作出初步诊断。确诊需要采集病变的组织或胸腔液、血液等进行涂片，经瑞氏、吉姆萨法或亚甲蓝染色镜检，可见两极脓染的卵圆形小杆菌，结合临诊症状可以诊断。必要时可以通过动物接种来验证。

急性猪肺疫在流行的初期易与急性的猪瘟、猪丹毒、猪副伤寒、急性的猪链球菌感染相混淆，应注意区别。慢性的猪肺疫与猪支原体性肺炎较难区分，猪支原体性肺炎主要病变局限于肺和肺门淋巴结，在肺的尖叶、心叶、中间叶和膈叶的前缘有两侧不完全对称的融合性支气管肺炎。

（三）防治

加强饲养管理，改善猪舍的卫生环境，减少疾病的发生，对仔猪进行分群和早期断奶；采取全进全出式生产；封闭猪群，尽量减少从外地引猪（特别是育肥猪）混群、分群的应激；减少猪群的饲养密度，可有效地防止疾病的发生。

每年定期进行预防免疫接种。断奶仔猪皮下或肌内注射猪肺疫氢氧化铝疫苗 5 毫升/头，免疫期可达 6 个月；口服猪肺疫弱毒苗，免疫期为 3 个月。发病后应把病、健猪隔离治疗，早期用氟苯尼考、氟哌酸、盐酸土霉素、杆菌肽锌等药物有一定疗效。病死猪禁止食用，应进行无害化处理，同时圈舍应进行消毒。

二、禽巴氏杆菌病

禽巴氏杆菌病又名禽霍乱、禽出血性败血症，是侵害家禽和野禽的一种接触性传染病。

（一）症状

自然感染的潜伏期一般为 2~9 天，人工感染的通常在 24~48 小时发病。

1. 最急性型

常见于流行初期，以高产蛋鸡最常见。病鸡常无症状，突然死亡。有的可见病鸡精神沉郁，突然倒地，拍翅挣扎抽搐、死亡。病程短者数分钟至数小时。

2. 急性型

最为常见。病鸡体温升高到 43~44℃，减食或不食，渴欲增加。呼吸困难，口、鼻流出黏液性分泌物。鸡冠和肉髯变青紫色，有的病鸡肉髯肿胀，有热痛感。常有腹泻，病初排白色水样便，稍后即为略带绿色并含有黏液的稀便。产蛋鸡停止产蛋。最后衰竭、昏迷而死亡。病程短的 1~3 天，病死率很高。

3. 慢性型

慢性禽霍乱可由急性型转化而来的，也可由低毒力菌株的感染而致，以慢性肺炎、慢性呼吸道炎和慢性胃肠炎较多见。肉髯、鼻窦、腿或翅膀、足垫和胸骨囊出现肿胀，有持续性下痢。有的病鸡还有慢性关节炎，导致关节肿大，引起跛行和翼翅下垂，病程1个月以上，病死率50%~80%。

鸭与鸡的症状相似，主要以急性为主，发病后不愿下水，常独蹲岸边，缩头屈颈，闭眼昏睡，羽毛松乱，双翅下垂。口、鼻和咽喉部分泌物增多，不断从口鼻流出黏液，呼吸困难，病鸭频频摇头，俗称"摇头瘟"。腹泻，排黄白色或绿色的腹泻便。病程1~3天，病程长的发生关节炎，以腕、跗关节多见，关节肿大，跛行。

(二) 诊断

根据流行病学材料、临诊症状和剖检变化，结合对病畜禽的治疗效果，可对该病作出诊断，确诊有赖于细菌学检查。

鉴别诊断：急性鸡霍乱应注意与新城疫的区别，新城疫病程长，嗉囊积液，常发出"咯咯"的怪叫声，腺胃乳头有点状出血，肠道黏膜有"岛屿"状的坏死。急性鸭霍乱应注意与鸭瘟的区别，后者只感染鸭，主要表现头部肿大，眼流泪；剖检可见头颈部皮下有胶样液体浸润，口腔、咽、食道、泄殖腔黏膜上有一层黄色的伪膜，肠道有环状出血，肝脏坏死灶不规则。

(三) 防治

平时应注意饲养管理，消除可能降低机体抗病力的因素，定期消毒。每年定期进行预防接种。由于多杀性巴氏杆菌有多种血清群，各血清群之间不能产生完全的交叉保护，因此，应针对当地常见的血清群选用相同血清群菌株制成的疫苗进行预防接种。免疫2周后，一般不再出现新的病例。

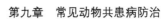

发病时可采用氟苯尼考、硫酸新霉素、头孢类抗生素进行治疗。

第八节　布鲁氏菌病

布鲁氏菌病简称布病，是由布鲁氏菌引起的人畜共患传染病。特征是生殖器官和胎膜发炎，引起流产、不育和各种组织的局部病灶。

一、症状

1. 牛

潜伏期为 2 周至 6 个月。母牛最显著的症状是流产。流产可以发生在妊娠的任何时期，最常发生在第 6 至第 8 个月，流产前出现阴唇、乳房肿大，荐部与胁部下陷，阴道黏膜发生粟粒大红色结节，由阴道流出灰白色或灰色黏性分泌液等表现。流产时常见胎衣滞留，特别是妊娠晚期流产者，常继续排出污灰色或棕红色分泌液，有时恶臭，分泌液迟至 1~2 周后消失。流产胎儿多为死胎、弱仔，不久死亡。公牛感染后多见睾丸炎及附睾炎。急性病例出现发热与食欲不振、睾丸肿胀疼痛和附睾肿大，触之坚硬。另外还有关节炎（常见于膝关节和腕关节）、滑液囊炎和轻微乳房炎等症状。大多数流产牛经 2 个月后可以再次受孕。

2. 羊

流产发生在妊娠后 3~4 个月。流产前可出现食欲减退，口渴，精神委顿，阴道流出黄色黏液等症状。此外可能还有乳房炎、支气管炎、关节炎及滑液囊炎而引起跛行。公羊感染后发生睾丸炎和附睾炎。

3. 猪

母猪的主要症状是流产，多发生在怀孕的第 4~12 周。有的在妊娠的第 2~3 周即流产；早期流产的胎儿和胎衣，多被母猪吃掉，常不被发现；流产前的症状也不明显，常见精神沉郁，阴唇和乳房肿胀，有时阴道流出黏性或黏脓性分泌液。流产的胎儿多为死胎，胎衣不下的情况较少，少数母猪可发生胎衣不下，引起子宫炎，影响其配种。重复流产的较少见，新感染猪场，流产数多。公猪主要症状是睾丸发炎和附睾发炎。一侧或两侧无痛性肿大。有的症状较急，局部热痛，并伴有全身症状。有的病猪睾丸发生萎缩、硬化，甚至性欲减退或丧失，失去配种能力。

无论是病公猪还是病母猪，都可以发生关节炎，多发生在后肢。偶见于脊柱关节，局部肿大、疼痛、关节囊内液体增多，出现关节僵硬、跛行和后肢麻痹。

4. 人

主要症状有长期低热，多汗，关节痛，脾肿大，一侧性睾丸炎，失眠，头痛，坐骨神经痛和多发性关节炎。病程长，反复发作，可终身不育。

二、诊断

根据流行病学、临诊症状和流产胎儿、胎衣的病理变化可作出初步诊断，但确诊需进行实验室检查。

取流产胎儿、胎盘、乳汁、阴道分泌物或脓肿部的渗出物等作为病料，革兰氏染色或柯氏染色后镜检，或者接种含 10%马血清的马丁琼脂培养基进行细菌的分离培养。

三、防治

该病应采取以加强检疫和隔离、培养健康种群以及免疫接种相结合的综合性防治措施。

1. 严格检疫

采取自繁自养方式饲喂家畜。用血清学方法定期进行检疫，

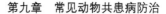

一经发现阳性者，即应淘汰。必须引进种畜或补充畜群时，要严格执行检疫，隔离饲养 2 个月，并进行血清学检查，全群两次检查阴性者，方可混群。

在消灭布鲁氏菌病的过程中，要实施严格的消毒措施，以切断传播途径。对流产胎儿、胎盘应深埋或焚烧，污染的圈舍、用具和场地等用 2% 烧碱进行彻底消毒；疫区的生皮、羊毛等畜产品及饲草饲料等也应进行消毒或放置 2 个月以上才可利用。

2. 免疫接种

目前常用的疫苗有牛流产布鲁氏菌 19 号苗、猪布鲁氏菌 2 号弱毒活苗和马耳他布鲁氏菌 5 号弱毒活苗（简称 M5 苗）等。

猪布鲁氏菌 2 号弱毒活苗用于预防山羊、绵羊、猪和牛的布鲁氏菌病。猪口服 2 次，每次 200 亿活菌，间隔 1 个月；注射：皮下或肌内注射均可，猪注射 2 次，每次 200 亿活菌，间隔 1 个月。免疫期：猪为 1 年。

预防职业人群感染，可用 M104 冻干苗接种，免疫期 1 年。

3. 药物治疗

该病用抗生素疗法和化学疗法效果不好，抗生素治疗只在病毒菌血症阶段有效。对一般病畜应淘汰，无治疗价值，对价值较昂贵的种畜可在隔离条件下进行治疗。对流产伴有子宫内膜炎的母畜，可用 0.1% 高锰酸钾溶液冲洗阴道和子宫，每日早、晚各 1 次。另外，大剂量应用抗生素（如四环素、土霉素、链霉素等）治疗。

第九节　新生畜链球菌感染

新生畜链球菌感染是种经脐感染链球菌而引起的新生幼畜急性败血性传染病。特征是脐遭受感染后发生菌血症，进而转移至其他器官，特别是关节。

一、症状

患病幼畜通常为脐化脓，严重的呈化脓性关节炎，实质脏器出现脓肿。羔羊可表现为瓣膜性心内膜炎。死于心内膜炎的猪，在瓣膜上还可见到大的增生性损害。患脑膜炎死亡猪，还可见到脑脊液混浊，脑膜充血、发炎，蛛网膜下腔积脓，多数病例脉络丛严重受损。有些病例脑内积水，呈现液化性坏死。

二、诊断

1. 动物试验

将病料 5~10 倍稀释或接种于马丁肉汤培养基 24 小时后的培养物，家兔皮下或腹腔注射 1~2 毫升，12~24 小时死亡后，采取死亡兔的心血和脏器进行细菌分离培养和鉴定。

2. 鉴别诊断

猪链球菌病和猪瘟、猪丹毒和猪肺疫等疾病有许多相似之处；羊链球菌病要与羊快疫、羊巴氏杆菌病和羊大肠杆菌病相区分；禽链球菌病易与沙门氏菌病、大肠杆菌败血症、葡萄球菌病等相混淆。

三、防治

疫苗接种，对预防和控制该病有显著效果。猪可用猪链球菌病二价（2 型+C 群）灭活疫苗，妊娠母猪可于产前 4 周进行接种，仔猪分别于 30 日龄和 45 日龄各接种 1 次，后备母猪于配种前接种 1 次，有很好的预防效果；预防 C 群兽疫链球菌引起的猪链球菌病可用 ST171 株弱毒苗，皮下注射或口服，免疫后 7 天产生保护力，保护期半年。

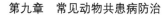

先将皮肤、关节及脐部等处的局部溃烂组织剥离，脓肿应予切开，清除脓汁，清洗和消毒。然后用抗生素或磺胺类药物以悬液、软膏或粉剂置入患处，必要时可施以包扎。

第十节　结核病

结核病是由结核分枝杆菌引起的一种人畜共患的慢性传染病，其病理特征是在多种组织器官形成结核性结节、干酪样坏死和钙化病变。

一、症状

潜伏期长短不一，短者十几天，长者数月甚至数年。

特征是在多种组织器官形成结核性结节、干酪样坏死和钙化病变。

1. 牛

可见肺脏或其他器官有很多突起的白色结节。切面为干酪样坏死，有的见有钙化，切开时有沙砾感。有的坏死组织溶解和软化，排出后形成空洞。胸膜和腹膜发生密集结核结节，胃肠黏膜可能有大小不等的结核结节或溃疡；乳房结核剖开后可见有大小不等的病灶，内含有干酪样物质，还可见到急性渗出性乳房炎的病变。

2. 禽

可在肠道、肝、脾、骨和关节等处出现结节病灶或干酪样物。

3. 猪

在颌下、咽、肠系膜淋巴结及扁桃体等处发生结核病灶。

4. 鹿

多在肺、肺门淋巴结、肝和脾等处出现结节病灶，但多无钙化现象。

二、诊断

目前普遍使用提纯结核菌素诊断法。诊断牛结核病时，将牛结核分枝杆菌提纯菌素用蒸馏水稀释成100 000国际单位/毫升，颈侧中部上1/3处皮内注射0.1毫升；诊断鸡结核病用禽结核分枝杆菌提纯菌素，以0.1毫升（2 500国际单位）注射于鸡的肉垂内24小时、48小时判定，如注射部位出现增厚、下垂、发热，呈弥漫性水肿者为阳性；诊断猪结核病，用牛结核分枝杆菌提纯菌素0.1毫升（10 000国际单位）或结核菌素原液0.1毫升，在猪耳根外侧皮内注射，另一侧注射禽结核分枝杆菌提纯菌素0.1毫升（2 500国际单位），48~72小时后观察判定，明显发生红肿者为阳性；诊断马、绵羊、山羊结核病，同时应用牛、禽结核分枝杆菌提纯菌素，以1:4稀释液分别皮内注射0.1毫升。马的部位与牛同，绵羊在耳根外侧，山羊在肩胛部。

判定标准与牛检疫规程相同。

三、防治

相关从业人员应注意个人防护，平时要养成良好的生活习惯，牛乳应煮沸后饮用；婴儿普遍注射卡介苗；治疗人结核病有多种有效药物，以异烟肼、链霉素和对氨基水杨酸钠等最为常用。

第十一节　炭疽

该病的主要传染源是患病动物，当患病动物处于菌血症时，可通过粪、尿、唾液及天然孔出血及死亡动物尸体等方式向外排

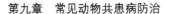

菌，污染周围环境，尤其是形成芽孢后，可能成为长久疫源地。

一、症状

该病潜伏期一般为 1~5 天，最长的可达 14 天。

急性炭疽为败血症病变，尸僵不全，尸体极易腐败，天然孔流出带泡沫的黑红色血液，黏膜发绀。剖检时，血凝不良，黏稠如煤焦油样，全身多发性出血，皮下、肌间、浆膜下结缔组织水肿，脾脏变性、淤血、出血、水肿，肿大 2~5 倍，脾髓呈暗红色，煤焦油样，粥样软化。局部炭疽死亡的猪，咽部、肠系膜以及其他淋巴结常见出血、肿胀、坏死，邻近组织呈出血性胶样浸润，还可见扁桃体肿胀、出血、坏死，并有黄色痂皮覆盖。局部慢性炭疽，肉检时可见限于几个肠系膜淋巴结的变化。膀胱积尿，黏膜出血。

二、诊断

根据死因不明，急性死亡，死后天然孔出血，凝血不良等败血症特征，可怀疑为该病。确诊须进行实验室检查。

取末梢血液或脾脏等病料制成涂片后，用瑞氏或吉姆萨（或碱性亚甲蓝）染色，发现有多量单在、成对或 2~4 个菌体相连的短链排列、竹节状有荚膜的粗大杆菌，即可确诊。或将新鲜病料直接于普通琼脂或肉汤中培养，对分离的可疑菌株可作串珠试验，如出现特异的"串珠反应"，即可确诊。

三、防治

在疫区或常发地区，每年定期进行免疫接种，常用的疫苗是无毒炭疽芽孢苗和炭疽芽孢 II 号苗。

发生该病时，要立即向上级有关兽医和卫生防疫部门报告，

同时采取有效的封锁、消毒措施，防止该病传播、蔓延。对可疑患畜可用青霉素等抗生素或抗炭疽血清注射，对发病羊群可全群预防性给药，受威胁区及假定健康动物作紧急接种。

严格遵守兽医卫生制度，对病畜要彻底烧毁或深埋。被污染的场地和用具等，要用4%氢氧化钠或20%的漂白粉、0.1%升汞进行彻底消毒。

治疗可用青霉素、链霉素、磺胺类药物，可同时应用抗炭疽血清，效果更好。

主要参考文献

潘莹，叶方，2021. 动物防疫与检疫技术［M］. 北京：中国轻工业出版社.

王勇，李亚玲，2018. 动物防疫与检疫［M］. 成都：电子科技大学出版社.

朱广双，文贵辉，吕舟，2022. 动物防疫与检疫技术［M］. 武汉：华中科技大学出版社.